韩休墓壁画（陕西省考古研究院提供）

絲路之綢
起源、传播与交流

Silks from the Silk Road
Origin, Transmission and Exchange

赵 丰 主 编
ZHAO Feng　Chief Editor

ZHEJIANG UNIVERSITY PRESS
浙江大学出版社

絲路之綢

起源、传播与交流

时间：2015 年 9 月 15 日—10 月 15 日

地点：杭州西湖博物馆

主　办　国家文物局　浙江省人民政府

协　办　浙江省文物局　河南省文物局　湖北省文物局
　　　　湖南省文物局　陕西省文物局　甘肃省文物局
　　　　青海省文物局　新疆维吾尔自治区文物局

承　办　中国丝绸博物馆

参　展　定州市博物馆　浙江省博物馆　中国丝绸博物馆
　　　　杭州西湖博物馆　良渚博物院　河南博物院
　　　　郑州市文物考古研究院　洛阳博物馆　虢国博物馆
　　　　荆州博物馆　湖南省博物馆　陕西历史博物馆
　　　　陕西省考古研究院　西安博物院　西安碑林博物馆
　　　　汉阳陵博物馆　甘肃省博物馆　甘肃省文物考古研究所
　　　　甘肃简牍博物馆　敦煌研究院　高台县博物馆
　　　　青海省博物馆　青海省文物考古研究所
　　　　新疆维吾尔自治区博物馆　新疆文物考古研究所
　　　　和田地区博物馆　伊犁哈萨克自治州博物馆

序 一

丝绸与浙江渊源深厚。

1977 年在宁波余姚河姆渡遗址出土的蚕纹牙雕器，距今已约 7000 年的历史，是目前所知最早的蚕形纹饰；1986 年在杭州市余杭反山良渚文化墓地 M23 中出土的共 6 件 3 对的玉饰件，是目前所知中国发现最早、最为完整的织机构件；特别是 20 世纪 50 年代，对湖州钱山漾遗址的前后两次发掘，出土的一批迄今 4200 多年的丝线、丝带和其他丝织品实物，是长江流域发现最早的丝织品，其可靠性得到了纺织界和考古界的一致认可。这些考古发掘在科学上充分证明了早在新石器时代，我国长江流域地区就已出现了蚕桑丝绸业，并确立了这一地区"世界丝绸之源"的地位。

此后，浙江的蚕桑丝绸生产从未间断，特别是自南宋以来，杭嘉湖平原地区一直是中国最为重要的丝绸产区，明清两代杭州成为官营织造所在地，一批以丝绸为专业的工商业城镇也应运而生，丝绸名品迭出。另一方面，浙江得天独厚的地理位置使其成为海上丝绸之路上的重要一站，东吴孙权的"聘问南洋"为海外丝绸贸易打下了良好的基础，唐宋的明州港，宋元的杭州港、温州港和澉浦港，元代的庆元港空前繁荣，以致元廷在全国设立七个市舶司，浙江独占其四。中国，特别是浙江当地生产的丝绸和丝织技术很早就通过海上丝绸之路传向世界各地，有力地促进了东西方之间的经济和文化交流。

今天，以丝绸为主要载体的丝绸之路早已超越了它本身的含义，成为不同民族、不同文化互相交流与合作的精神象征，为世界的和平与发展提供了价值典范。作为一个具有悠久丝绸生产和对外贸易历史的文化大省，展示、传承和弘扬古代丝绸之路友好合作精神，重现中国对人类文明的伟大贡献，夯实"一带一路"建设的民意和社会基础，是我们责无旁贷的使命，也是本次"丝路之绸：起源、传播与交流"展览举办的特殊意义所在。

本次展览的举办得益于国家文物局和各兄弟省、自治区文博机构的大力支持，汇集了全国 27 家文博单位的近 140 件（组）文物精品，多层次地向人们展示了丝绸在中国的起源、丝绸从东方向西方的传播，以及东西方纺织文化在丝绸之路上的交流，传达出"文明因交流而多彩，文明因互鉴而丰富"的理念。

浙江省副省长　郑继伟

2015年9月

序 二

以家蚕丝为特色的中国蚕桑丝织技艺及由此衍生出的丝绸文化历史久远。中国一直有着关于丝绸起源的史料记载和神话传说，而近代考古又发掘了新石器时代的蚕茧、纺织工具、丝绸残迹等实物，在科学上充分证明早在5000多年以前，位于世界东方的中国大地已出现了蚕桑丝绸业，成为中华文明的特征之一。

20世纪中叶，苏联考古学家在阿尔泰山脉西麓的阿尔泰斯克自治省巴泽雷克（Pazyryk）发掘的古代游牧民族墓葬里，即发现有精致的中国丝织品，上面有彩色丝线绣出的凤鸟图案，其花纹、纤维结构、工艺手法等，都与战国时期楚墓出土的丝织品高度一致；类似的丝织品在我国新疆吐鲁番地区托克逊县阿拉沟古代墓葬中也有发现。这表明早在公元前5世纪，丝绸就开始走出中国，走向世界。西汉武帝时张骞的两次出使西域，基本上打通了中原与中亚、西亚及欧洲的交通，形成了一条横亘欧亚大陆的丝绸贸易通道，并在汉魏隋唐时期达到鼎盛。此后，丝绸之路一直是古代世界东西方间最为重要的贸易和文化交流通道。千余年来，无数的商人驼队在这条路上来回穿梭，将各地的物产贩运到世界各个角落，同时也把当地的宗教、文化、科技传播出去，极大地促进了东西方文化的交流和融合。作为丝绸之路上最重要的载体，借由这条通道，原产于中国的丝绸及发源于中国的蚕桑丝织技艺被传播到世界各地，并推动了丝绸生产技术当地化的实现，对世界各国社会经济文化的发展产生了极大的影响。

2014年6月22日，在卡塔尔多哈举行的第38届世界遗产大会上，经世界遗产委员会会议审议通过，中国和哈萨克斯坦、吉尔吉斯斯坦跨国联合申报的"丝绸之路：长安–天山廊道路网"被列入《世界遗产名录》。世界遗产委员会认为丝绸之路是东西方之间融合、交流和对话之路，近两千年以来为人类的共同繁荣做出了重要的贡献。近年来，中国国家主席习近平又提出建设"丝绸之路经济带"和"21世纪海上丝绸之路"的倡议。推进"一带一路"建设已成为国家的重大战略，对开创我国全方位对外开放新格局、促进地区及世界和平发展具有重大意义。

博物馆肩负着传承文明、促进文化传播的社会责任与义务。广大博物馆机构从自身的宗旨任务出发，通过联合举办专题展览的方式，弘扬跨越时空、超越国度、富有永恒魅力、具有当代价值的文化精神；近年来，通过"丝绸之路——大西北遗珍"展、"直挂云帆济沧海——海上丝绸之路特展"、"丝绸之路"文物展，成功揭示了古代丝绸之路的历史变迁与辉煌成就，展现了中西方在经济、贸易、文化、社会发展之间的交流、对话与融合。一件件珍贵的文物，生动体现了和平合作、开放包容、互学互鉴、互利共赢的丝绸之路精神。

本次展览由国家文物局与浙江省人民政府共同主办，浙江省、河南省、湖北省、湖南省、陕西省、甘肃省、青海省、新疆维吾尔自治区文物局联合举办，汇集了8省1区27家文博单位的近140件（组）文物珍品。虽然不是近年来丝绸之路方面规模最大、展品最为丰富的一个专题展览，但本展览以丝绸这个丝路上最主要的载体为切入点，角度独特、观点鲜明、内容全面、以小见大，真实再现了丝绸在中国的起源、传播以及东西方纺织文化在丝绸之路上的交流，体现出古代文化贸易交流的意义。虽然展览的展期有限，但通过汇集了研究人员研究成果的展览图录的出版，这一具有学术和社会意义的展览将会以另一种形式传播得更广、更远和更久。

国家文物局副局长　宋新潮

2015年9月

致　谢

　　中国丝绸博物馆自 1992 年建成开放以来，就一直致力于丝绸之路特别是丝绸之路上出土的丝绸研究。当年新疆维吾尔自治区博物馆、新疆文物考古研究所和吐鲁番文物保护研究所的第一批 30 余件出土丝织品的残片，为我们提供了丝绸之路的陈列展品，同时也带来了第一批丝绸之路的研究标本。此后的 20 余年来，我馆一直与丝绸之路沿途的内蒙古、陕西、甘肃、青海、宁夏、新疆等省（区）开展合作，主要从事出土丝绸文物的鉴定和保护工作，同时也在世界各地举办或参与举办了多个与丝绸之路相关的展览。特别是 2010 年纺织品文物保护国家文物局重点科研基地落户我馆之后，我们加大了对丝绸之路沿途出土丝绸和纺织品文物的研究与保护力度，在新疆维吾尔自治区博物馆设立了新疆工作站，在西藏博物馆参与设立了西藏联合工作站，在甘肃省博物馆设立了甘肃工作站，在内蒙古博物院设立了内蒙古工作站，与丝绸之路沿途兄弟文博单位开展了良好的合作。

　　2013 年，中国国家主席习近平提出建设"丝绸之路经济带"和"21 世纪海上丝绸之路"的倡议，使丝绸之路成为近年国际上的热词，特别引起丝绸之路沿途各国的巨大反响。2014 年，中国和哈萨克斯坦、吉尔吉斯斯坦联合申报"丝绸之路：长安－天山廊道路网"世界遗产成功，丝绸之路的文化价值和意义得到进一步彰显。此后，国家文物局也在多个场合布置了丝绸之路申遗成功之后的保护和研究工作。

　　为使丝绸在丝绸之路文化遗产的保护和研究中，在"一带一路"的建设中发挥更大的作用，2014 年年末，中国丝绸博物馆在浙江省文物局的大力支持下发起筹备"丝路之绸：起源、传播与交流"大展，该设想得到了国家文物局各级主管领导的大力支持。2015 年 5 月 11 日，由国家文物局主持、全国 6 省 1 区的 16 家文博机构领导参与的协调会在北京召开，会上宋新潮副局长做了动员，大家一致表态支持这一展览的举办。此后，中国丝绸博物馆开始与全国 26 家兄弟文博机构进行沟通协调，确定了参展展品清单。6 月 22 日，就在丝绸之路申遗成功一周年之际，中国丝绸博物馆又主持召开了专家论证会，会后又向国家文物局进行了专题汇报，最后通过了展览方案。这样，在国家文物局的统一组织和协调下，在浙江省人民政府及省文物局的具体领导下，在全国 8 省 1 区 27 家文博单位的支持配合下，近 140 件（组）丝绸及其相关文物精品得以汇聚一堂，真实再现了丝绸在中国的起源、传播以及东西方纺织文化在丝绸之路上的交流，体现出古代文化贸易交流的意义。

在此，中国丝绸博物馆作为展览策划和承办机构，要特别感谢展览的主办方国家文物局和浙江省人民政府。时任国家文物局局长励小捷做了批示，宋新潮副局长、段勇司长、罗静副司长、郭长虹处长多次主持会议、提出建议、审查大纲，童明康副局长也从丝绸之路世界遗产的角度对研究进行了指导。时任浙江省副省长郑继伟对展览方案提出了建议，特别是省文物局陈瑶局长、郑建华副局长、杨新平处长、金萍副处长等对展览进行了具体的指导。此外，作为展览特邀专家的北京大学荣新江教授、甘肃省博物馆俄军馆长、河南博物院田凯院长、浙江省博物馆黎毓馨主任等为展览提出了许多宝贵意见，进行了学术把关。

展览的基本要素是展品。因此，我们要最诚挚地感谢浙江省、河南省、湖北省、湖南省、陕西省、甘肃省、青海省和新疆维吾尔自治区文物局的大力协调和支持，特别是为展览提供近 140 件（组）展品的 26 家兄弟文博机构（名单见参展单位），有了他们的慷慨相助，这些文物珍品才得以顺利来到杭州与各位观众见面。虽然我们委托了华协作为展品的运输公司，但由于各种原因，有些机构还是专程送来了文物，为展览提供了特殊的方便。

本次展览的陈列设计由杭州黑曜石展示设计有限公司韩萌女士的团队担纲，他们认真细致，不厌其烦。与展览同期推出的网上展览则由浙江大学王勇超先生及其团队负责。特别要提出的是，在中国丝绸博物馆主馆区由于改扩建工程工期原因提前闭馆的情况下，仓促之间，杭州西湖博物馆潘沧桑馆长慨允提供了展览场地并为展品运输与布展工作提供了各项便利和帮助，使展览得以如期举行。

对于所有为"丝路之绸：起源、传播与交流"展览成功举办做出贡献的机构、领导、学者和其他的各界朋友，我们都一并表示最诚挚的感谢！

最后，关于本图录的编写，我们要感谢郑继伟副省长、宋新潮副局长为之作序，感谢荣新江教授拨冗撰写专业论文，感谢各位文字作者、图片提供者、插图绘制者。同时也要感谢浙江大学出版社鲁东明社长，董唯、张琛责任编辑在极短的时间内完成了图录的编辑工作。

展览概要

　　古老的丝绸之路是古代世界东西方之间最为重要的贸易和文化交流通道，它犹如一条彩带，将中国和世界上其他国家联系在了一起。千余年来，无数的商人驼队在这条路上来回穿梭，将各地的物产贩运到世界各个角落，同时也把当地的宗教、文化、科技传播出去，极大地促进了东西方文化的交流和融合。作为丝绸之路上最重要的载体，借由这条通道，原产于中国的丝绸及发源于中国的蚕桑丝织技艺被传播到世界各地，并推动了丝绸生产技术当地化的实现，对世界各国社会经济文化的发展产生了极大的影响。此后，随着交流的不断加深，西方的织造风格又反向影响中国的丝绸生产，中国的传统丝织物上也开始出现西方的题材和设计形式。

　　2013年，中国国家主席习近平提出建设"丝绸之路经济带"和"21世纪海上丝绸之路"的倡议。2014年，由中国、哈萨克斯坦与吉尔吉斯斯坦三国联合申报的"丝绸之路：长安－天山廊道路网"被列入《世界遗产名录》，古代丝绸之路成为全人类共同财富。丝绸之路，从未像今天这样受到大众、专家和领导的关注。

　　然而，丝绸之路以丝绸为名，以丝绸作为缘起，但丝绸本身，却一直还没有受到足够的关注。丝绸，是从何年何月踏上了丝绸之路？丝绸在丝绸之路的贸易商品中，有着多大的比例？丝绸在丝绸之路的经济活动中，占着多高的位置？丝绸之路上的丝绸，究竟产自哪些国家？甚至还有人提出，古老的丝绸，究竟是哪里起源的？众多的问题，多少也困扰着研究或讲述丝绸之路的人们。

　　正是在这一背景下，我们从多年的研究出发，在与丝绸之路沿途文博机构合作的基础上，提出了"丝路之绸：起源、传播与交流"的展览计划。希望用考古出土的文物、最为珍贵的史实，来说明桑蚕在中国得到驯化、丝绸在中国最早起源然后向西进行传播，并在传播的过程中得到交流和发展。这正是丝绸之路的由来，这正是丝绸之路上发生的文明互鉴的故事，这也正是丝绸之路的精神和"一带一路"的目标。

　　于是，由国家文物局与浙江省人民政府主办，浙江省、河南省、湖北省、湖南省、陕西省、甘肃省、青海省和新疆维吾尔自治区文物局协办，丝绸之路沿途27家文博机构参与的"丝路之绸：起源、传播与交流"展览于2015年9月15日至10月15日在杭州西湖博物馆举行。展览分为源起东方、大道开远、西域交融和机变新样四个单元，包括近140件（组）丝绸及其相关出土文物，从不同的方面展示丝绸在中国的起源、传播以及东西方纺织文化在丝绸之路上的交流。而世界丝绸艺术的变化和技术的提高，正是在这一交流过程中完成的。丝绸产品的衣被天下，也正是丝绸之路带来的辉煌成果。

参展单位

（序号为本书相应的展品号）

· 河北

定州市博物馆　1.13，1.14，1.24

· 浙江

浙江省博物馆　1.5，1.7

中国丝绸博物馆　4.2

杭州西湖博物馆　4.18，4.19，4.20，4.21

良渚博物院　1.6

· 河南

河南博物院　1.4

郑州市文物考古研究院　1.1，1.2，1.3

洛阳博物馆　2.1，2.2，2.3

虢国博物馆　1.8，1.9，1.11

· 湖北

荆州博物馆　1.15，1.16，4.1

· 湖南

湖南省博物馆　1.17，4.3

· 陕西

陕西历史博物馆　1.12，1.27，1.29

陕西省考古研究院　1.10，1.21，1.22，1.23，4.16

西安博物院　1.20，1.25，1.26，1.28，2.4，2.5，2.6，2.7

西安碑林博物馆　4.17

汉阳陵博物馆　1.18，1.19

· 甘肃

甘肃省博物馆　2.22，2.23，2.24

甘肃省文物考古研究所　2.29，2.30，2.31，2.32，2.33

甘肃简牍博物馆　2.8，2.9，2.10，2.11，2.12，2.13，2.14，2.15，2.16，2.17，2.18，2.19，2.20，2.21

敦煌研究院　2.34，2.35，2.36，2.37，2.38，2.39

高台县博物馆　2.25，2.26，2.27，2.28

· 青海

青海省博物馆　2.44，2.45，4.13，4.14

青海省文物考古研究所　2.40，2.41，2.42，2.43，2.46，2.47，2.48，2.49，2.50，4.10，4.11

· 新疆

新疆维吾尔自治区博物馆　3.1，3.2，3.18，3.19，3.20，3.21，3.22，3.23，3.24，3.25，3.26，3.27，4.6，4.7，4.8，4.9，4.12，4.15

新疆文物考古研究所　3.3，3.4，3.5，3.6，3.8，3.12，3.13，3.14，3.15，3.16，3.17，4.4，4.5

和田地区博物馆　3.7

伊犁哈萨克自治州博物馆　3.9，3.10，3.11

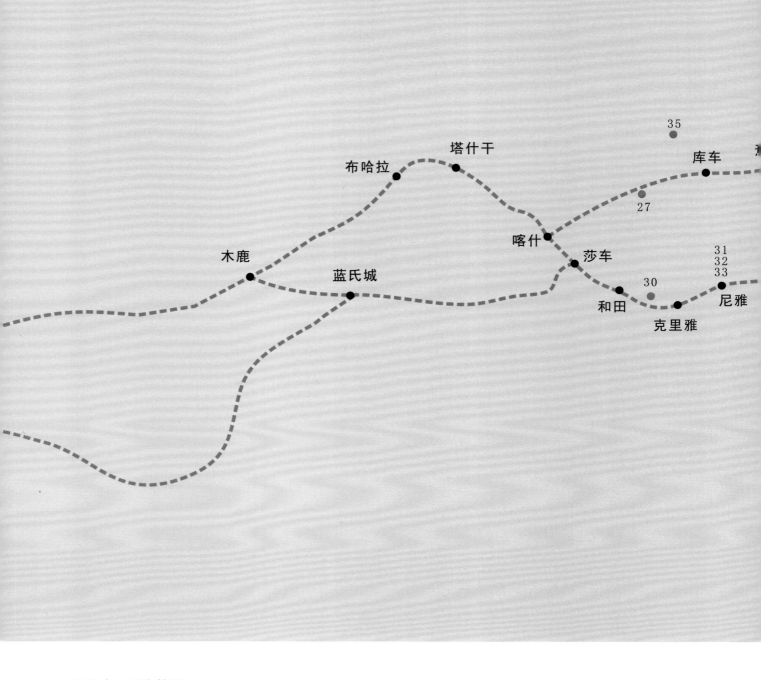

35

塔什干

布哈拉 库车

27

喀什

木鹿 莎车

蓝氏城 31
32
33

30

和田 尼雅

克里雅

展品出土示意简图

吐鲁番

哈密

26

28
29

敦煌

21

22

18
19
20

北京 ★

5
6

15
16
17

酒泉

张掖

武威

23

24

固原

12

兰州

10

9

7

11

天水

西安

洛阳

8

上海

13

1

3

荆州

杭州

4

2

14

长沙

历史年表

- 旧石器时代　距今约 1700000—10000 年

- 新石器时代　距今约 10000—4000 年

  仰韶文化　距今约 7000—5000 年

  河姆渡文化　距今约 7000—5300 年

  良渚文化　距今约 5300—4000 年

- 夏　约前 2070—前 1600

- 商　前 1600—前 1046

- 周　前 1046—前 256

  西周　前 1046—前 771

  东周　前 770—前 256

  　　春秋时代　前 770—前 476

  　　战国时代　前 475—前 221

- 秦　前 221—前 206

- 汉　前 206—公元 220

  西汉　前 206—公元 25　东汉　25—220

- 三国　220—280

  魏　220—265　蜀汉　221—263　吴　222—280

- 晋　265—420

  西晋　265—317　东晋　317—420

- 十六国　304—439

  前赵　304—329　　　前秦　350—394

  成汉　304—347　　　后秦　384—417

  前凉　317—376　　　后燕　384—407

  后赵　319—351　　　西秦　385—431

  前燕　337—370　　　后凉　386—403

12

南凉	397—414	北凉	401—439
南燕	398—410	夏	407—431
西凉	400—421	北燕	407—436

- **南北朝**　420—589

南朝	420—589	北朝	386—581
宋	420—479	北魏	386—534
齐	479—502	东魏	534—550
梁	502—557	北齐	550—577
陈	557—589	西魏	535—556
		北周	557—581

- **隋**　581—618

- **唐**　618—907

- **五代**　907—960

后梁	907—923	后唐	923—936	后晋	936—947	后汉	947—950
后周	951—960						

- **宋**　960—1279

北宋	960—1127	南宋	1127—1279

- **辽**　907—1125

- **西夏**　1038—1227

- **金**　1115—1234

- **元**　1206—1368

- **明**　1368—1644

- **清**　1616—1911

- **中华民国**　1912—1949

- **中华人民共和国**　1949 年 10 月 1 日成立

目　录

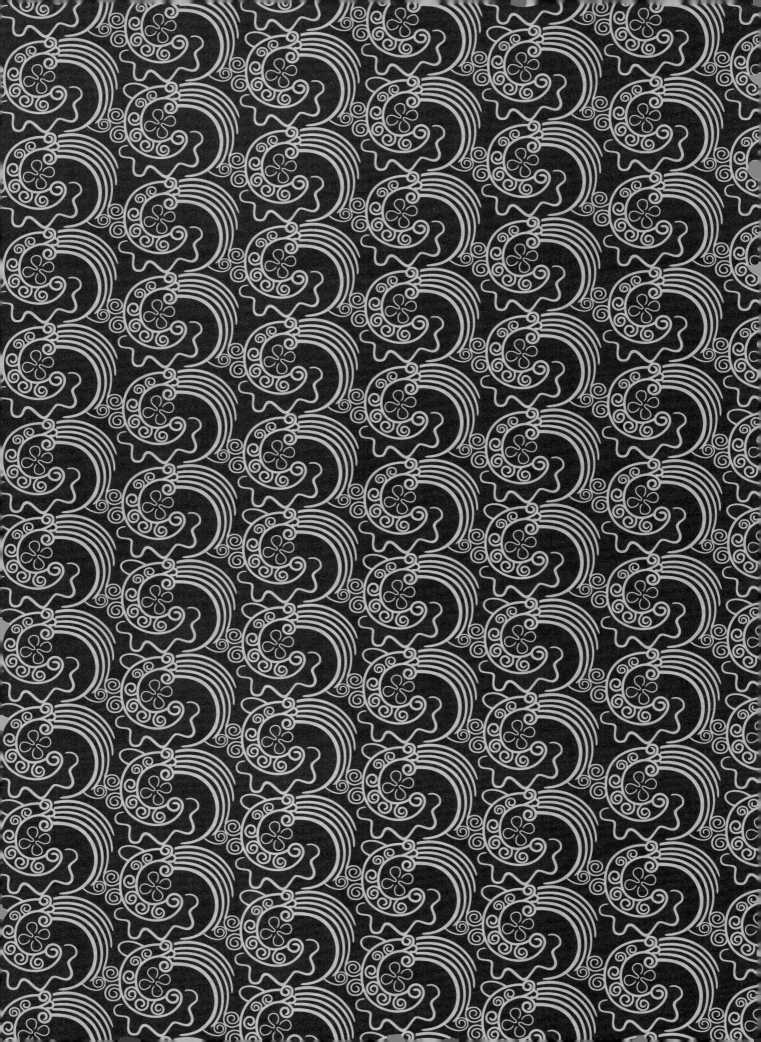

第一部分　论　文

丝绸之路就是一条"丝绸"之路

荣新江

"丝绸之路"是 1877 年德国地理学家李希霍芬（F. von Richthofen）给汉代中国和中亚南部、西部以及印度之间的交通路线所起的名字，因为他认为古代的贸易以丝绸为主。以后这一路线不断延长、拓宽，作为中国与外部世界的交往之路，已经无可非议。但是，用什么来冠名这些道路，学者之间有不同的说法，有人认为应当叫"玉石之路"，有人认为应当称"佛教之路"，也有人觉得应当叫"陶瓷之路""茶叶之路""青金石之路""金刚石之路"……这些都从不同的研究视角，强调了中西交往之路的某一方面。从整体上来说，迄今为止，还没有任何一个名字能够取代"丝绸之路"。其实，这不仅仅是因为丝绸之路已经成为习惯的说法，还因为丝绸之路的确是一条"丝绸"之路。

"丝绸之路"的"丝绸"是一个包含较广的词语，既包括生丝，也包括织造好的丝织品。而丝绸又有许多种类，如绫、罗、绸、缎、锦等，因此，我们所说的"丝绸"是指用丝制成的各种各样的丝织品，有的价格昂贵，有的比较一般，但总比麻布、棉布质地要好。

有关中文典籍中丝绸西传的材料，以及敦煌吐鲁番文书的记录和实物证据，学者们已经做过很好的梳理和研究，如姚宝猷《中国丝绢西传史》（商务印书馆，1944 年）、赵丰《唐代丝绸与丝绸之路》（三秦出版社，1992 年）、姜伯勤《敦煌吐鲁番文书与丝绸之路》（文物出版社，1994 年）、赵丰主编《敦煌丝绸与丝绸之路》（中华书局，2009 年）等。本文主要根据出土文书的记录，从丝绸之路经过的地域来看丝绸在丝绸之路上的重要地位。

唐代中期以前，丝绸的主要产地是关中、河南、河北、四川地区，以后江南的丝织业发展起来，逐渐取代北方。丝绸的一个重要特性就是轻，便于作为商品携带远行，而且价值稳定，因此常常取代金属货币，成为远行贸易中的等价物。正是因为丝绸可以大量运输，而养蚕缫丝的技术也逐渐沿丝绸之路西传，因此丝路上的一些城市，逐渐成为丝绸的重要中转地，丝绸在这些地方王国、城镇当中，扮演了越来越重要的角色。

以吐鲁番盆地的古代高昌地区为例，这里原本为车师人所居，汉朝与匈奴争夺西域，在高昌屯田，盆地东半部以高昌壁垒为中心发展起来，盆地西半部则以车师王国都城所在的交河为中心。公元 327 年，前凉张骏建高昌郡，下辖高昌、田地等县。此后，高昌先后隶属前凉、前秦、后凉、西凉、北凉。①439 年北魏灭北凉，北凉王族沮渠无讳、沮渠安周兄弟由敦煌经鄯善，于 442 年北上占领高昌，高昌太守阚爽奔漠北柔然汗国。沮渠兄弟建立高昌大凉政权，并于 450 年攻占交河城，灭车师国，大凉政权统一了吐鲁番盆地，为此后近二百年的高昌王国奠定了基础。444 年沮渠安周即位后，南联刘宋，东拒北魏。当时北魏内部斗争激烈，除了妥善安置车师王国君主等外，也无力西进去歼灭北凉余部。安周偏安一隅，然而好景不长，最终在 460 年为强悍的柔然消灭。柔然立阚伯周为高昌王。②

在高昌郡时期（327—442）和高昌大凉政权时期（442—460），高昌地区已经有了自己的蚕丝业以及相应的丝织生产。③一百多年来的考古发掘工作，也使我们获得了同一时期整个西域地区保存下来的许多丝织品实物。据吐鲁番南面鄯善王国的佉卢文文书和考古发掘资料，可以得知当时鄯善国使用丝绸的情况，其丝绸大多数应当是从中原运来的。近年在吐鲁番发现的 447 年前后的《高昌计赀出献丝帐》（图 1）和《高昌计口出丝帐》（图 2），是我们认识吐鲁番地区丝绸重要性的两组关键文书。

图 1 《高昌计赀出献丝帐》

图 2 《高昌计口出丝帐》

先引比较完整的一段《高昌计赀出献丝帐》④：

16　杜司马祠百五十三斛　　　　　　　　六斛

17　孙国长六斛　　王模六斛　　路晁六斛　　范周会五十九斛

18　□□十八斛　　荆佛须十一斛　张玄通四斛五斗 宋棱四斛五斗

19　□□□斛五斗　　令狐男四斛五斗　田槃安六斛　　成崇安四斛五斗

20　　　　四斛五斗 唐暖四斛五斗　除□□、范周会、宋□

21　右十八家赀合三百七十斛出献系（丝）五斤

① 王素：《高昌史稿·统治编》，文物出版社，1998 年，第 105—235 页。
② 荣新江：《〈且渠安周碑〉与高昌大凉政权》，《燕京学报》（新 5 期），北京大学出版社，1998 年，第 65—92 页。
③ 唐长孺：《吐鲁番文书中所见丝织手工业技术在西域各地的传播》，《出土文献研究》，文物出版社，1985 年，第 146—151 页；陈良文：《吐鲁番文书中所见的高昌唐西州的蚕桑丝织业》，《敦煌学辑刊》1987 年第 1 期，第 118—125 页；武敏：《从出土文书看古代高昌地区的蚕丝与纺织》，《新疆社会科学》1987 年第 5 期，第 92—100 页。
④ 荣新江、李肖、孟宪实主编：《新获吐鲁番出土文献》，中华书局，2008 年，第 278—281 页。

再引一段《高昌计口出丝帐》[1]：

（前缺）

1　孙属十三口　张万长四口　窦虎▢▢▢▢▢

2　——右廿五家口合百六十出系（丝）十斤田七子▢▢▢▢

关于《高昌计赀出献丝帐》，研究者认为其性质为户调征收。户调自其创制之后就征收丝织品，所以《高昌计赀出献丝帐》在这一点上可以说并无特殊之处。至于《高昌计口出丝帐》，据研究其性质为口税征收。众所周知，汉代的算赋和口赋是征钱的。大凉高昌时代的口税征收丝，这是当时丝绸充任货币及纺织品本位政策的突出表现。而到麴氏高昌时代（502—640），其所征收的"丁正钱"是银钱。将《高昌计口出丝帐》放在前后的历史脉络中，就可以凸显出它的特点，即它不是像前后时代那样征收钱币，而是丝绸。这或许说明高昌当地开始较大规模地生产丝绸，因而使得丝绸成为赋税征收的对象。《高昌计赀出献丝帐》和《高昌计口出丝帐》应当是目前所见的最早的证据之一。至少到大凉高昌王国时期，高昌地区已经有丰富的丝织业，每户、每个纳税人丁都离不开丝绸。丝绸之路上丝绸的向西贩运，中原地区无疑是最大的供应产地，但从长安、洛阳以西，至少在于阗、疏勒以东，每一个丝路城镇也都是一个大小规模不等的丝绸生产地，其中高昌地区应当比较早地成为一个重要的丝织品供应地。

到了7世纪20年代，当玄奘离开高昌国向西天取经时，佞佛的高昌王麴文泰为玄奘的西行准备了丰厚的行装：法服三十套，防寒的面衣（脸罩）、手衣（手套）、靴袜等数十件；黄金一百两、银钱三万，绫和绢等丝织物五百匹，作为法师往返二十年的费用；马三十匹，仆役二十五人；又写了二十四封书信，每封信附有大绫一匹，请高昌以西龟兹等二十四国让玄奘顺利通过；最后，又带上绫绡五百匹、果味两车，献给当时西域的霸主西突厥叶护可汗，并致书请可汗护送玄奘到印度求经。[2]从这份物品单中，我们也可以看出高昌王国所囤积的丝织品是如此之多，这五百匹的高档丝织品随着玄奘的西行，消费在丝绸之路的某些段落当中；而送给西突厥可汗的另外五百匹高档丝织品，可能会被帮助可汗经营商业的粟特人倒卖到更西的伊朗，甚至到拜占庭地区。

高昌国的丝或丝织品也从家庭或官府投放到市场，吐鲁番阿斯塔那第514号墓葬发现的《高昌内藏奏得称价钱帐》[3]，是麴氏高昌国某年从正月一日到十二月末高昌市场中的货物交易双方向官府所交的进出口贸易管理附加税，名为"称价钱"。在全部三十多笔交易中，买卖双方主要是康、何、曹、安、石五姓的粟特人，卖者当来自西方，买者在高昌本地，但双方都是粟特人。买卖的商品有金、银、丝、香料、郁金根、硇砂、铜、鍮石、药材、石蜜，除了粟特商人向西贩运的丝之外，大多数是西方的舶来品。这里把有关丝的条目摘出：

---

[1] 荣新江、李肖、孟宪实主编：《新获吐鲁番出土文献》，中华书局，2008年，第284页。关于以上两件文书的详细分析，见裴成国：《吐鲁番新出北凉计赀、计口出丝帐研究》，《中华文史论丛》（2007年第4期），上海古籍出版社，第65—104页。

[2] 慧立、彦悰：《大慈恩寺三藏法师传》卷一，中华书局，1983年，第18、21页。参看孟宪实：《唐玄奘与麴文泰》，《敦煌吐鲁番研究》第四卷，北京大学出版社，1999年，第89—101页。

[3] 唐长孺主编：《吐鲁番出土文书（壹）》，文物出版社，1992年，第450—453页。

6 ☐☐☐☐☐颠买（卖）系（丝）五十斤、金二十两，与康莫毗多二人边得钱七文半。

29 即日，康☐希迦买（卖）系（丝）十斤，与康显颠二人边得钱一文。

35 ☐日，何刀买（卖）系（丝）八十斤，☐☐迦门朒二人边得钱八文。

37 起五月二日，车不吕多买（卖）系（丝）六十斤，与白迦门朒二人边得钱三文。

由此可见，丝和丝绸是丝绸之路上与金、银、铜等贵金属、香料、药材同等重要的东西。目前所见"称价钱"文书只是非常偶然的发现，因此我们今天所不知道的类似贸易一定还有很多，举一反三，我们不难想象高昌作为丝和丝织品的中转站，在丝绸之路上所起到的作用。

更能说明问题的是吐鲁番出土的《唐天宝二年（743）交河郡市估案》（以下简称《市估案》）。这是盛唐时期高昌（当时称作交河郡）市场上各行出售商品的预估物价表，由池田温先生根据 121 件残片复原为两组，分别是当年七月二十一日和八月三日的市估案。两者的物品基本相同，估价略有参差，以下如物品相同，只取其一。其中"帛练行"和"彩帛行"残存的记录有[1]：

29 帛练行
30　大练壹匹　　　　　上直钱肆伯柒拾文　　　次肆伯陆拾文　　　下肆伯伍拾文
31　梓州小练壹匹　　　上直钱叁伯玖拾文　　　次叁伯捌拾文　　　下叁伯柒拾文
32　河南府生绝壹匹　　上直钱陆伯伍拾文　　　次陆伯肆拾文　　　下陆伯叁拾文
33　蒲陕州绝壹匹　　　上直钱陆伯叁拾文　　　次陆伯贰拾文　　　下陆伯壹拾文
34　生绢壹匹　　　　　上直钱肆伯柒拾文　　　次肆伯陆拾文　　　下肆伯伍拾文
35　缦紫壹匹　　　　　上直钱伍伯陆拾文　　　次伍伯伍拾文　　　下伍伯肆拾文
36　缦绯壹匹　　　　　上直钱伍伯文　　　　　次肆伯玖拾文　　　下肆伯捌拾文
52 彩帛行
53　紫熟绵绫壹尺　　　上直钱陆拾陆文　　　　次陆拾伍文　　　　下陆拾肆文
54　绯熟绵绫壹尺　　　上直钱陆拾☐☐　　　　☐文　　　　　　　下伍拾伍文
56　杂色隔沙壹尺　　　上直钱拾肆文　　　　　次☐　　　　　　　☐
57　夹绿绫壹尺　　　　上直钱拾陆文　　　　　次☐　　　　　　　☐
58　☐☐绝壹尺　　　　上直钱☐☐　　　　　　☐　　　　　　　　☐
59　☐☐绝壹尺　　　　上直钱☐☐　　　　　　☐　　　　　　　　☐
61　晕绷壹尺　　　　　上直钱☐☐　　　　　　次拾捌文　　　　　下拾肆文
62　丝割壹尺　　　　　上直钱叁拾陆文　　　　次叁拾伍文　　　　下叁拾肆文
63　爆割壹尺　　　　　上直钱拾陆文　　　　　次☐　　　　　　　☐
64　杂色鞍褥表壹　　　上直钱☐　　　　　　　☐　　　　　　　　☐
65　细绵紬壹尺　　　　上直钱肆拾柒文　　　　次肆拾伍文　　　　下肆拾肆文
66　次绵紬壹尺　　　　上直钱肆拾贰文　　　　次肆拾文　　　　　下叁拾捌文
67　麤绵紬壹尺　　　　上直钱叁拾柒文　　　　次叁拾伍文　　　　下叁拾文

---

[1] 池田温：《中国古代籍帐研究：概観·録文》，東京大学東洋文化研究所，1979 年，第 448—450 页。

68	细绝壹尺	上直钱肆拾伍文	次肆拾肆文	下肆拾叁文
69	次绝壹尺	上直钱叁拾文	次贰拾伍文	下贰拾文
70	麁绝壹尺	上直钱拾壹文	次壹拾文	下
71	绝鞋壹量	上直钱叁拾文	次贰拾柒文	下
72	绝花壹斤	上直钱柒文	次陆文	下
75	益州半臂段壹	上直钱肆伯伍拾文	次肆伯文	下叁伯伍拾文
76	绯高布衫段壹	上直钱壹阡叁伯文	次壹阡贰伯文	下壹阡壹伯文
77	紫高布衫段壹	上直钱壹阡肆伯文	次壹阡叁伯文	下壹阡贰伯文
78	帛高布衫段壹	上直钱玖伯伍拾文	次玖伯文	下捌伯伍拾文

池田温先生对此做过仔细的分析，他指出，这里布帛类大多是从中原内地运送过来的，其中不仅有初级产品，还有经过剪裁加工后的成品。他说："总而言之，不仅被当作流通媒介的布帛大量流通，而且种类繁多的纺织品、衣类也都从遥远的各地运到了交河郡。只要交河郡的消费者肯花钱就能够从市场上买到中意的衣料。"他还提示《市估案》中罗列的商品，有源自东海、朝鲜半岛的昆布，有原产印度的庵磨勒，有产于中国西南地区的麝香，有热带或亚寒带出产的香料、犀牛，"凡唐人所知道的贵重药材都能在交河郡市场买到"[1]。如此丰富多彩的市场，绝非仅仅是供给交河郡当地的百姓或军人，更有购买力的人应当是东西往来的商人，其中各种丝织品购买者则更多地应当是来自西方世界的商人。这件只有两天市估内容而且非常残破的文书已经说明丝绸在当时的丝绸之路贸易中扮演着重要角色。如果西州到交河郡时期的市估案都保存下来，那我们对于当年丝路上高昌市场的认识，对于各种丝织品作为商品在这里销售情况的认识，就会更加详细而且丰富多彩了。

到了晚唐、五代、宋初时期，虽然从中国通向西北地区的道路不像盛唐时期那样通畅，但也不像人们想象的那样完全断绝，丝绸之路上阶段性的道路还是继续通畅的，如敦煌与于阗、敦煌与西州回鹘王国之间，基本上一直是通畅的；敦煌与甘州回鹘、敦煌与中原王朝之间，有时被中间的部族阻隔，有时则是通畅的。另外，因为各个王国都信奉佛教，官方使者之外的佛教徒，并不会受到特别的阻拦。不属于敌对政权的商人，应当可以通过不同王国、部族间的道路，来做这些国家、部族交易的买卖中间人，只是这方面的记录不够多而已。

在敦煌藏经洞中无意保存下来的文书里，我们仍然能够得到一些丝绸之路上以不同形式交流的丝绸的消息。P.2638《后唐清泰三年（936）六月沙州傔司教授福集状》（图3）第42行载[2]：

出破数，楼机绫壹匹，寄上于阗皇后用。

这时正是归义军节度使曹元德统治时期，这位于阗皇后就是曹议金女儿、曹元德的姊妹，在

① 池田温：《中国古代物价初探——关于天宝二年交河郡市估案断片》，韩昇汉译文，《唐研究论文选集》，中国社会科学出版社，1999年，第122—189页，引文在第161—162页。Eric Trombert et É. de la Vaissière. Le prix des denrées sur le marché de Turfan en 743. *Études de Dunhuang et Turfan*. Jean-Pierre Drège (éd.). Genève: Droz, 2007, pp. 1-52 也详细译注并分析了这件《市估案》，可以参看。

② 池田温：《中国古代籍帐研究：概観·録文》，東京大学東洋文化研究所，1979年，第649頁。

934 年嫁给了于阗国王李圣天（Viśa' Saṃbhava，912—966 年在位）。① 本文书所记事项，就是沙州僧团根据归义军官府的指令，出楼机绫一匹，寄给于阗皇后使用。所谓"楼机"，是指高楼束综提花机。② 楼机绫织造工序复杂，织物的图案精美豪华、价格昂贵，所以是敦煌地区上等的丝织品，非一般人所能使用。③

Дх.1380《某年（934—935）归义军节度使曹议金致女于阗皇后书》记④：

图 3　后唐清泰三年（936）六月沙州僧司教授福集状

今大王信，摩睺罗锦一匹，小绫一匹，夫人楼机　　　　　

"信"这里指信物，有大王所送的摩睺罗锦一匹、小绫一匹，夫人送的楼机绫，可能也是一匹。从"父大王"的称呼来看，这封书信的收信人最有可能的就是曹议金嫁给于阗国王李圣天的女儿，也就是 P.2638 文书中的"于阗皇后"。

Дх.1265+Дх.1457《沙州某人上于阗押衙张郎等状》记录了从沙州送到于阗的丝织品为"绯绵绫壹匹，紫绵绫壹匹"⑤。

以上三个例子都是沙州寄赠给于阗方面的丝织品，这也是当时丝绸之路上物质文化交往的一种方式。

P.t.1106 藏文文书正面是《于阗王天子长兄（李圣天）致沙州弟登里尚书（曹元忠）书》，其中提到"作为购买五十……汉地丝绸之回赠［物品］"⑦，虽然没有具体说是何种丝绸，但表明是一笔数额不小的官方贸易。

P.2958 于阗语文书中包含几封书信的草稿，其中第 6 封信是一位自称为"朔方王子"的人

① 关于这位于阗皇后及其出嫁时间，参看张广达、荣新江：《于阗史丛考》（增订本），中国人民大学出版社，2008 年，第 33—34、300—302 页。
② 王进玉：《敦煌学和科技史》，甘肃教育出版社，2011 年，第 458—467 页。
③ 童丕著，余欣、陈建伟译：《敦煌的借贷：中国中古时代的物质生活与社会》，中华书局，2003 年，第 103、108 页。
④ 图版见俄罗斯科学院东方研究所圣彼得堡分所等编：《俄藏敦煌文献》第 8 册，上海古籍出版社，1997 年，第 126 页。
⑤ 图版见俄罗斯科学院东方研究所圣彼得堡分所等编：《俄藏敦煌文献》第 8 册，上海古籍出版社，1997 年，第 43 页。
⑥ 图版见 A. Spanien et Y. Imaeda. *Choix de documents tibétaines conservés à la Bibliothèque nationale, complété par quelques manuscrits de l'India office et du British Museum*, II. Paris: Bibliothéque Nationale, 1979, pp. 446-447. 研究见 G. Uray. New Contributions to Tibetan Documents from the Post-Tibetan Tun-huang. *Tibetan Studies. Proceedings of the 4th Seminar of the International Association for Tibetan Studies Schlosse Hohenkammar-Munich 1985.* H. Uebach & J. L. Panglung (eds.). München: Kommission für Zentralasiatische Studien, Bayerische Akademie der Wissenschaften, 1988, pp. 520-521；荣新江、朱丽双：《一组反映 10 世纪于阗与敦煌关系的藏文文书研究》，沈卫荣主编《西域历史语言研究所集刊》第 5 辑，科学出版社，2012 年，第 101—102 页。

（Hva Pa-kyau）上于阗朝廷书，这位王子其实是从于阗出发，经沙州、朔方到中原朝贡的于阗王子，但由于道路险阻，他没有能够前往朔方，而是停留在敦煌。他在信中提到一位于阗使者 Hvaṃ Capastaka（王子之一）根据于阗朝廷的指令，用 30 斤玉与归义军官府换取了 200 匹丝绸（śacu）①，其中 150 匹给于阗朝廷，50 匹给母后 Khī-vyaina。在第 7 封信中，Hva Pa-kyau 重申了上述 Hvaṃ Capastaka 用 30 斤玉与归义军官府换取 200 匹丝绸的事情，并希望母后能多给他一些玉石，以便换取更多丝绸。②

由此可见，在公元 10 世纪时，位于塔里木盆地西南的西域大国于阗仍然对汉地的丝绸有着极大渴望，尽管玄奘《大唐西域记》记载于阗当地很早就能够养蚕缫丝，但汉地丝绸的质量一定优于当地所产，或者花纹样式更加时尚，因此为于阗王族所喜爱。

以上这些零散而且完全偶然留存下来的书信、牒状一类的文书材料，给我们留下一些蛛丝马迹般的丝绸之路上丝绸流通的信息。从文献留存的情形推断，真正的丝绸之路上的贸易、交流的情况一定比这些记录更频繁、广阔。我们历史学家不能仅仅相信偶尔留存下来的纸册上的信息，而应当由此及彼地加以推想，来重构当年丝绸之路的伟大，来想象丝路之绸的丰富多彩。

---

① H. W. Bailey 认为于阗文 śacu 音译自汉文的"蚕丝"，代指丝绸，见其所著 *Dictionary of Khotan Saka*. Cambridge: Cambridge University Press, 1979, p. 394.

② H. W. Bailey. Altun Khan. *Bulletin of the School of Oriental and African Studies*, 1967, XXX.1, pp. 97-98.

定义与实证：丝绸的起源、传播与交流

赵　丰

　　李希霍芬在其《中国》第一卷中提出"丝绸之路"的概念时，其根据主要是希腊地理学家马利努斯（Marinus of Tyre, 70—130）对中国到中亚一段的知识（图 1）。①马利努斯是最早在地图上标出中国的学者，并把 Serer 和 Serica 与中国相对应。西方人将东方的国家称为丝国，显然是因为东方的丝绸影响了西方，丝绸是这条通道的原动力。李希霍芬把马利努斯描写的丝绸之路称为单数，同时他更愿意用复数的丝绸之路，因为丝绸之路的复数形式更能够表示东西方交通的真实情况。

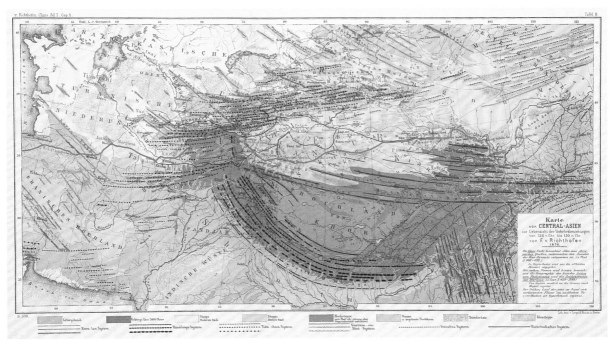

图 1　李希霍芬"丝绸之路"地图

　　虽然有不少人在质疑将这条通道命名为"丝绸之路"的合理性，甚至还有人试图用"玉石之路""青金石之路""陶瓷之路"等来替代"丝绸之路"，但事实上丝绸还是这条通道上无可替代的主导物品。其理由有三：一是丝绸成为东西方贸易的主要物品，大量丝绸通过各种途径流入丝路；二是

① F. von Richthofen. *China: Ergebnisse eigener Reisen und darauf gegründeter Studien*, Vol. I. Berlin: D. Reimer, 1877.

丝绸在路上还作为货币进行流通，其作用更非其他商品可比；三是丝绸的影响巨大，中国因此而被称为 Seres。

但是，今天的丝绸之路概念更为广泛，无论从时间还是空间上，其概念已拓展到草原丝绸之路、沙漠绿洲丝绸之路和海上丝绸之路，甚至更多。同时，丝绸之路显然承载着更大的使命，成为东西方文化交流的通道、东西文明互鉴的主要途径。不过，丝绸还是这条路上最典型的文化符号，它起源于中国，沿着丝路向西传播，并在传播中实现交流。这一过程，成为丝绸之路文明互鉴的一个重要案例。

本文拟就丝绸在丝绸之路上起源和传播中的一些定义及交流的具体过程做一探讨，而"丝路之绸：起源、传播与交流"这一展览本身就是为了给这一过程提供实证。

一、丝绸起源

讨论丝绸起源问题首先应该明确以下几个定义。

1. 丝绸

一般来说，丝绸（silk）是大蚕蛾科类的昆虫吐丝结茧，被人类利用而进行纺织服装生产得到的产品，这种昆虫中最为重要的就是桑蚕或称家蚕（*Bombyx mori*）。但在自然界，能生产丝绸产品的昆虫还有不少，在历史上被人类利用的也为数不少，如柞蚕、天蚕、樗蚕、樟蚕、蓖麻蚕、琥珀蚕、椒蚕、柳蚕、榆蚕、枸杞蚕、乌桕蚕等，它们也曾被用于丝织或丝绵生产。但是，在这其中只有桑蚕被人类驯化成为家养的昆虫，其他所有的蚕类都属于野外放养。蚕业或养蚕业，在英文中被称为 sericulture，ser 是指桑蚕，而 culture 是指人工栽培或养殖的，所以 ser 指的也是家蚕，Seres 指的就是养家蚕的国度。因此，我们在这里讨论的丝绸，实指由家蚕所吐的家蚕丝生产加工而成的丝绸。

2. 丝绸起源

谈到丝绸的起源也有很多不同的节点：一是利用桑蚕茧的茧丝织成丝绸；二是驯化野桑蚕成为家蚕；三是为了养蚕而进行桑的人工栽培。这三个节点应该是有先后的，其理论上的层次是先有人类对野蚕茧的利用，再有驯化野蚕，再到人工栽培桑树。但其中也有主次，最为关键的是从野桑蚕到家蚕的驯化过程。以向仲怀院士为首进行的家蚕基因研究表明，在野桑蚕驯化为家蚕的过程中，基因变异导致蚕的生物学性状发生显著变化。通过对 29 个家蚕和 11 个野蚕品系进行全基因组测序，可知驯化过程引发野桑蚕的 354 个基因位点发生变异，使得家蚕呈现出对高密度饲养的耐受性、蚕茧产量大幅提升、生长变快、蚕蛾基本丧失飞行能力等变化。[1]这应该是一个极其漫长和特别的驯化过程。印度历史上虽然早有利用野蚕生产织物的记载，但几千年后，它们还是野蚕，没有被驯化。

---

[1] Q. Xia, Y. Guo, Z. Zhang, et al. Complete Resequencing of 40 Genomes Reveals Domestication Events and Genes in Silkworm (*Bombyx*). *Science*, 2009, 326(5951), pp. 433-436. doi: 10.1126/science.1176620.

3. 丝绸起源的定位

明确了丝绸起源的内涵，我们就可以将丝绸起源进行更为细化的定位：时间、地点、人物、过程、原因等。

关于丝绸起源的实证，国内外学者都做过大量的研究。在国外的学者中最为著名的就是 Irene Good，她研究了全球范围内东西方丝绸出土情况，特别是在印度和中亚一带出土的早期丝绸实物，得出了在印度和部分地区也有野蚕丝出土的结论。①但由于野蚕丝不是我们所讨论的丝绸范围，野蚕丝的利用更不是丝绸起源的概念，所以我们在此需要特别说明。

所有家蚕丝绸的发现都在中国。其中最为明确的有三个实例：一是 1926 年山西夏县西阴村仰韶文化遗址中发现的半个蚕茧，起码是人类利用蚕茧的实证②；二是 1958 年浙江吴兴钱山漾遗址（约前 2400—前 2200）发现的家蚕丝线、丝带和绢片，是长江流域出现丝绸的实证③（cat. 1.7）；三是 1983 年河南荥阳青台遗址（前 4000）出土瓮棺葬中的丝绸残痕，是黄河流域出现丝绸的实证④。从这些地区同时期出现的桑树遗存及所做蚕丝形貌分析来看，后两者已是家蚕丝。所有这些实证说明，丝绸早在五千多年前在中国已经被发明，中国是世界丝绸之源。但是，谈及发明丝绸的人，中国的传说中一般都认为是黄帝的元妃嫘祖。

关于丝绸起源的过程及原因，笔者也曾做过专门的探讨。蚕一生经历卵、幼虫、蛹、蛾四种状态的神奇变化，特别是静与动之间的转化（包括眠与起）使人们联想到人类自身的生死去向。卵是生命的源头，孵化成幼虫就如生命的诞生，蛹可看成是一种死，而蛹的化蛾飞翔就是死后灵魂的飞升。蚕赖以生存的桑也就显得十分神圣，人们从桑树中想象出一种神树称为扶桑，是太阳栖息的地方，桑林也就是与上天沟通的场合，以致求子、求雨等重大活动均在桑林进行。而服用由此得到的丝绸必然会利于人与上天的沟通，作茧自缚成为灵魂升天的必由之路。河南荥阳青台遗址出土的瓮棺正是一个实例，其丝绸也是为包裹儿童尸体之用。而蚕是一种非常娇弱的生物，极易受到自然界恶劣环境的伤害，靠自然界难以保证蚕的顺利繁殖，于是先民们开始建立蚕室来对其进行精心饲养，年复一年，才把野桑蚕驯化成为家蚕⑤，丝绸才真正起源。

二、丝绸的传播

丝绸的传播也有几个不同的层次，其传播的时间和方式也各不相同。

1. 产品的传播

丝绸起源于中国，具体来说是以黄河流域和长江流域为主的中国内地。丝绸作为产品传播开始得很早。东面早在商代就有文献记载向今韩国和日本地区的传播；但在西面，则首先是通过河

---

① I. Good. On the Question of Silk in Pre-Han Eurasia. *Antiquity*, 1995(69), pp. 959-968.
② 李济：《西阴村史前的遗存》，《李济文集》（卷二），上海人民出版社，2007 年，第 178—179 页。
③ 徐辉、区秋明、李茂松、张怀珠：《对钱山漾出土丝织品的验证》，《丝绸》1981 年第 2 期，第 43—45 页。
④ 张松林、高汉玉：《荥阳青台遗址出土丝麻织品观察与研究》，《中原文物》1999 年第 3 期，第 10—16 页。
⑤ 赵丰：《丝绸起源的文化契机》，《东南文化》1996 年第 1 期，第 67—74 页。

西走廊到达西北地区，然后在各处与草原丝绸之路联通，再继续往西。这个时期最重要的就是斯基泰人的时期（前 900—前 300），在古希腊的著作中已有关于斯基泰和赛里斯的论述。在中国的西北地区，最新发现的实物出自甘肃张家川马家塬战国墓地、新疆哈巴河喀拉苏墓地、新疆塔什库尔干曲曼墓地等。据考察，这几处发现了丝绸织锦、绢、丝线等。加上以前乌鲁木齐鱼儿沟战国刺绣（cat. 3.1），以及俄罗斯巴泽雷克出土的战国织锦和刺绣①，已有十分强大的证据证明张骞通西域之前中国丝绸已开始向西传播。到汉晋时期，中国典型的织锦已经出现在丝绸之路沿途更为遥远的地区，如我国新疆境内的楼兰、尼雅、营盘、扎滚鲁克、山普拉，俄罗斯境内的 Ilmovaya Padi 墓地，就出土了公元元年前后的汉式卷云纹的三色锦（1354/149-151）②，在米努辛斯克盆地的 Golahtisky 墓地，也出土了 3、4 世纪以汉式锦实物镶边的箭囊③。汉锦的最远发现地是在叙利亚帕尔米拉遗址，其发现的经锦约有 3 ～ 4 种，最有趣的是葡萄纹锦，其中可以看到有采葡萄人物的场面。据研究这一图案是典型的帕尔米拉风格，说明很有可能当时已有专为西亚地区定制的平纹经锦。④由此来看，中国丝绸的产品在汉代已传播到地中海沿岸是毋庸置疑的。

2. 织造技术的传播

随着织造产品的传播，织造技术也会随之传播，织造技术的表现首先是织物结构。中国最为典型的平纹经二重织锦组织，很明显被西方织物所效仿，在以色列马萨达（Masada）遗址（77）中，发现了距今最早的平纹纬二重毛织锦，这种织锦组织显然是对中国平纹经锦的经纬方向交替的效仿，体现了织造技术的传播。⑤

至于同类结构的织物，在叙利亚的 Dura-Europos 也有平纹纬二重的织物出土，不过，其织物材料已是丝线。⑥这类用加捻丝线生产的平纹纬锦可以归入绵线纬锦一类，在丝绸之路沿途发现甚多，特别是在中国西北的营盘、扎滚鲁克、山普拉，一直到乌兹别克斯坦的 Munchak-Tepe，这类织锦可以看作是中国新疆或邻近的中亚地区生产的产品。所有这类纬锦不仅是织物结构的变化，同时也是织机上装造的变化带来的结果。⑦

织锦在欧洲的兴起是在 5 世纪前后，大多是平纹纬锦，也有平纹经锦，它们多与早期基督教的题材相关，其中大量的为平纹纬锦，如瑞士阿贝格基金会收藏的一件耶稣诞生和报喜题材的平纹纬锦。此外，大都会艺术博物馆收藏了一件同样是耶稣诞生的平纹经锦。平纹经二重和平纹纬

---

① E. I. Lubo-Lesnitchenko. *Ancient Chinese Silk Textiles and Embroideries, 5th Century BC to 3rd Century AD in the State Hermitage Museum (in Russia).* Leningrad: State Hermitage, 1961.

② E. I. Lubo-Lesnitchenko. *Ancient Chinese Silk Textiles and Embroideries, 5th Century BC to 3rd Century AD in the State Hermitage Museum (in Russia).* Leningrad: State Hermitage, 1961.

③ K. Riboud, E. Loubo-Lesnitchenko. Nouvelles découvertes soviétiques a Oglakty et leur analogie avec les soies façonnées polychromes de Lou-Lan–dynastie Han. *Arts Asiatiques,* 1973, XXVIII.

④ A. Schmidt-Colinet, A. Stauffer, et al. *Die Textilien aus Palmyra.* Mainz am Rhein: Verlag Philipp von Zabern, 2000, kat 521, 223, 240.

⑤ Israel Exploration Society. *Masada: The Yigael Yadin Excavations 1963–1965, Final Reports.* Jerusalem: Hebrew University of Jerusalem, 1989.

⑥ L. Brody and G. Hoffman. *Dura-Europos: Crossroads of Antiquity.* Boston: McMullen Museum of Art, 2011.

⑦ 赵丰：《新疆地产绵线织锦研究》，《西域研究》2005 年第 1 期，第 51—59 页。

二重同时使用的情况也很有趣，说明了这种平纹重组织在传入欧洲之后的变化。①

3. 蚕种的传播

关于蚕种的西传，《大唐西域记》记录了一则发生在和田地区的故事："昔者此国未知桑蚕，闻东国有也，命使以求。时东国君秘而不赐，严敕关防，无令桑蚕种出也。瞿萨旦那王乃卑辞下礼，求婚东国。国君有怀远之志，遂允其请。瞿萨旦那王命使迎妇，而诚曰：'尔致辞东国君女，我国素无丝绵桑蚕之种，可以持来，自为裳服。'女闻其言，密求其种，以桑蚕之子，置帽絮中。既至关防，主者遍索，唯王女帽不敢以验。遂入瞿萨旦那国，止麻射伽蓝故地，方备仪礼，奉迎入宫，以桑蚕种留于此地。"②关于这一传说，我们专门研究了中国新疆营盘及乌兹别克斯坦等地出土的绵线纬锦之后发现，当地采用大量的绵线织物，应该是蚕种西传过程的证据。这个故事虽然没有明确的年代，但从新疆尼雅遗址出土的蚕茧来看③，甚至在巴楚的托库孜萨来唐宋遗址中，还有同样的蛾口茧出土（cat. 3.18），说明养蚕技术确实在 3 世纪前后已传入新疆地区。

蚕种的进一步西传是通过波斯僧侣传入君士坦丁堡。拜占庭的泰奥法纳（750—817）说道：在查士丁尼（483—565）统治时期，一位波斯人来自赛里斯人之中，他曾在一小盒子里搜集了一些蚕卵，并且将其一直携至拜占庭。④此后，大约在 9—10 世纪，在地中海沿岸的西班牙南部、意大利、希腊等地开始了养蚕业。

然而，对于蚕种，欧洲人一直没有足够的自信。直到 19 世纪，欧洲养蚕业爆发微粒子病，但这种病在中国并没有发生，于是又引发欧洲人来中国购买蚕种的风潮。1850 年前后，意大利人卡斯特拉尼（G. B. Castellani）来到湖州亲自养蚕，试图养得蚕种带回欧洲，结果蚕是养成了，但蚕种并没能带回去。⑤事实证明，中国的蚕种在防微粒子病方面并没有什么优异特性。

4. 桑品种的传播

蚕种传入欧洲，欧洲终于有了真正的家蚕蚕种，养蚕业算是正式传入欧洲，但饲蚕用的却是当地的桑树。从植物分布上来看，欧洲本身自古以来就有桑树，但其主要的种类是黑桑（*Morus nigra*），在地中海一带分布甚广，而东方的桑树品种主要是白桑（*Morus alba*）。欧洲在相当长的一段时间内用黑桑进行养蚕，直到 15 世纪初，欧洲人才明白，他们的生丝质量不佳是因为桑树品种的缘故，于是他们从东方引进白桑，更换他们的桑树品种，以提高生丝质量。这一记载最早见于1410 至 1420 年之间意大利的皮埃蒙特和托斯卡纳，但白桑取代黑桑养蚕的过程直到 18 世纪才真正完成。⑥

欧亚大陆上黑桑和白桑的分界线大约在西亚一带，但欧洲的白桑究竟是来自西亚还是中国并

---

① A. Stauffer. *Textiles of Late Antiquity*. Washington DC: The Metropolitan Museum of Art, 1996, pp. 12, 38.

② 玄奘、辩机原著，季羡林等校注：《大唐西域记校注》，中华书局，1985 年，第 1021—1022 页。

③ 中日共同尼雅遗迹学术考察队：《中日共同尼雅遗迹学术调查报告书》（第一卷），法藏馆，1996 年，第 220 页。

④ 戈岱司编，耿昇译：《希腊拉丁作家远东古文献辑录》，中华书局，1987 年，第 116 页。

⑤ G. B. Castellani. *Dell'allevamento dei bachi da seta in China fatto ed osservato sui luoghi* (*On the Raising of Silkworms Performed and Controlled in China*). Firenze: Barbera, 1860, pp. VIII, 216 with VIII Figg.

⑥ R. Comba. Produzioni tessili nel Piemonte tardo-medievale (Textile Production in Late-Medieval Piedmont). *Bollettino Storico-Bibliografico Subalpino*, 1984, 72, p. 344.

不明确。在我国新疆地区一直也有桑树，特别是尼雅一带，斯坦因和中日合作的考古队员都在尼雅遗址发现了大量的枯死桑树，但据近年植物考古学者的研究，尼雅遗址疑似为桑树的竟无一棵是桑树。所以，桑品种的传播时间和线路到目前为止还有待研究。

5. 缫丝技术的传播

随着栽桑养蚕技术的传播，从茧到丝的缫丝技术也随之开始传播。当蚕种在 3 世纪前后传播到中亚一带时，因为蚕种的来之不易和蚕种本身的稀少，再加上中亚一带当时盛行佛教不杀生的传统，因此，新疆当时没有像中原地区一样煮茧缫丝以抽取长长的丝线，而是任凭蚕蛹在化蛾之后破茧而出，只是采集蛾口茧进行纺丝织绸。"王妃乃刻石为制，不令伤杀。蚕蛾飞尽，乃得治茧。敢有犯违，神明不祐。"①从新疆一带出土大量纺专的情况看，当地所用茧丝生产方式主要也是捻丝成线的方法。

真正的缫丝方法在 5—6 世纪应该已经传到中亚和西亚一带，因为当地生产的织锦丝线已经十分平直，明显为缫丝所得，但当地一直没有缫丝机的直接图像或文物证据。而在欧洲，缫丝车和缫丝技术应该在 10 世纪前后传入欧洲，但其图像却要迟到 17—18 世纪才能看到，它与中国绘画中的缫丝车基本一样②（图 2、图 3）。

图 2 元代王祯《农书》中的南缫车

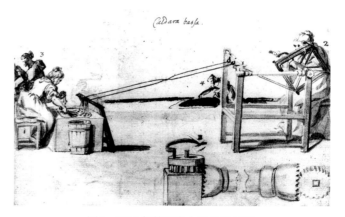

图 3 1745 年前后意大利的缫丝车

三、技术与文化的交流

蚕桑丝绸的材料主要是从中国向西方或世界进行传播，然而，作为涉及丝绸生产的技术来说，门类就非常多，中西之间更多的是交流。在汉唐之际，特别明显的是关于丝绸的技术与文化交流，内容涉及纤维材料、织造工具、织造工艺、染料及图案设计等，十分丰富，恰好反映了丝绸之路上文明互鉴的真实情况。

---

① 玄奘、辩机原著，季羡林等校注：《大唐西域记校注》，中华书局，1985 年，第 1022 页。
② D. Digilie. L'Arte della Seta a Lucca, Sulla via del Catai: Rivista semestrale sulle relazioni culturali tra Europa e Cina. *Centro Studi Martino Martini*, 2010, Luglio, pp. 195-202.

1. 纺织纤维的交流

丝绸之路上纺织材料的交流主要在于毛、丝、棉三种纤维。养羊与羊毛利用和加工的技术传播很早，早在亚述时期，羊毛已成为小亚细亚贸易中的最重要物品之一，当时曾经用数吨甚至数十吨的羊毛交易银和黄铜，这说明了羊毛在早期草原丝绸之路上的重要性。[1]羊毛及毛织品生产技术早在青铜时代已出现于中国西北地区，其中新疆罗布泊地区的小河墓地就出土了大量距今4000—3500年的毛织物。稍迟于这一时期的羊毛织物发现更多，如环塔克拉玛干沙漠的洋海、五堡、苏贝希、扎滚鲁克、山普拉等地有一大串从青铜时代到早期铁器时代的毛织物出土。

棉的起源地无疑是在南亚次大陆，在印度河流域的摩亨佐·达罗遗址中，已经发现了棉织物。[2]在汉晋时期，棉布从北印度一带通过沙漠绿洲丝绸之路向中国西北地区传播。我国新疆一带的汉晋时期墓地中基本都有棉布出土，其中最为有名的一件是出于尼雅遗址的蜡染棉布，其上有提喀女神、赫拉克勒斯等希腊化艺术造型。[3]到唐代，棉花在新疆已得到栽培，并在敦煌一带得到纺织。

2. 织造技术的交流

迟自公元1世纪开始，毛织物上已采用丝绸的平纹经锦原理创造了平纹纬锦，并逐渐用于丝织物上。约从4世纪晚期至6世纪早期，平纹纬锦在中亚地区大量出现，形成一个新的技术体系。从阿斯塔那170号墓出土的文书来看，这类织锦都被看作是波斯锦，即从西方来的织锦[4]（cat. 3.22）。另据吐鲁番文书，这些波斯锦、丘慈锦等中亚或我国新疆当地生产的织锦均以"张"作单位。吐鲁番墓地还出土了大量7世纪初的斜纹纬锦，这类组织的织锦在青海8世纪前后的吐蕃墓中发现更多，被认为是生产于中亚布哈拉、撒马尔干粟特地区或是由粟特人生产的织物。在10世纪前后的《布哈拉史》中也有记载，称其为赞丹尼奇。[5]非常显然，中亚或波斯的斜纹纬锦对中国唐代织锦的出现产生了巨大的影响，如中国当时最为重要的官营作坊管理者和设计师何稠，他本身就有中亚的血统，他主持仿制了所谓的波斯锦，但在工艺上进行了更大的改进。[6]

3. 织机的交流与演变

在丝绸织造技术中其实最为复杂的是提花技术。丝绸之路沿途曾经出现过的织花方法或是提花方法有多种类型，但其中最为重要的是三种，即多综式提花、束综式挑花和束综式提花。所谓的挑花，是指每次图案的织造规律都得重新挑起；而所谓的提花，是指在整个织造过程中，只需要一次制作花纹程序，反复利用，循环织出同一图案。

---

[1] C. Michel and K. R. Veenhof. The Textiles Traded by the Assyrians in Anatolia (19th–18th Centuries BC). *Textile Terminologies*. Barnsley: Oxbow Books, 2010.

[2] K. Wilson. *A History of Textiles*. Colorado: Westview Press: 1979, p. 164.

[3] 赵丰：《尼雅出土蜡染棉布研究》，饶宗颐主编：《华学（第九、十辑）》（二），上海古籍出版社，2008年，第790—802页。

[4] F. Zhao and L. Wang. Reconciling Excavated Textiles with Contemporary Documentary Evidence: A Closer Look at the Finds from a Sixth-Century Tomb at Astana. *Journal of the Royal Asiatic Society*, 2013, 23(2), pp. 197-221.

[5] Al-Narshakhi. *The History of Bukhara*. R. N. Frye (trans. and ed.). Princeton: Markus Wiener Publisher, 2007: Chapter V, p. 23.

[6] 赵丰：《唐系翼马纬锦与何稠仿制波斯锦》，《文物》2010年第3期，第71—83页。

第一种类型是多综式提花机，可以有踏板，也可以没有踏板。2013 年在四川成都老官山汉墓出土了 4 台汉代提花织机模型（约以 1∶6 的尺寸微缩的立体织机），明确属于多综式提花机。① 不过，史料中提到的另外一类多综式提花机可以称为多综多蹑提花机，它与老官山织机的区别仅在于提综的动力不同，这类织机也一直流传到近代。②

中国织锦传到中亚、西亚之后，他们虽然仿制了平纹重组织，但由于当时不可能看到中国的织机，他们显然就在自己的纬显花织造体系中重新创造了一种织机。关于这种织机的最好参考资料就是兹鲁（Zilu）织机③，它是一种使用挑花方法的织花机，目前在伊朗乡村仍然被用来织造图案在纬向上进行循环的大型织物。这种织机的关键机构是一套挑花装置及在经线和挑花线之间相连的多把吊的提综装置（笔者称其为 1-N 提综系统），通过这个装置，一个图案单元可以在纬向得到循环。这一织花方法只能控制图案的纬向循环而无法控制其经向循环，与所有出土的平纹纬锦和中亚风格的斜纹纬锦的图案结构相符。可以说，1-N 提综系统是丝绸之路沿线的西域织工的一项非常重要的织花技术发明。

最后一种提花技术类型是能够使纹样在经向和纬向上都得到循环而将以上两种提花方法相结合的束综提花机，又称花楼机。这种提花织机不仅使用由花工操作的名副其实的提花花本，也采用了 1-N 的提综系统，形成了真正的束综提花机。束综提花机的发明也证明了提花机在丝绸之路上进行传播、创新、交融及再次创新发明的过程，是文明互鉴的极佳实例。④

4. 染料的交流

在很长一段时间内，中国传统的植物染料染色带有极强的季节性，所以历代月令类著作中都有关于在固定季节进行染色的记载。正因为如此，大多数染料缺少长期贮存和长途运输的可能，染料的地域性也就特别显著。无论是从文献还是实物分析检测来看，汉代织锦的染料配色主要是茜草染红、靛青染蓝、黄檗和木樨草素等染黄，其中木樨草素主要存在于荩草等中。⑤ 而在西北早期的羊毛染色中，我们发现了常用的靛青由菘蓝制成；茜草是西茜草，红色染料中还使用了紫胶虫和胭脂虫等动物染料；而黄色染料就更为丰富，其中还有新疆当地的胡杨木。这里，来自丝绸之路的红花、靛蓝制作技术，以及紫胶虫和胭脂虫等对唐代丝绸染色产生了巨大的作用。⑥

---

① 成都文物考古研究所、荆州文物保护中心：《成都市天回镇老官山汉墓》，《考古》2014 年第 7 期，第 59—70 页。

② 胡玉端：《丁桥看蜀锦织机的发展：关于多综多蹑机的调查报告》，《中国纺织科学技术史资料》第 1 卷，1980 年，第 50—62 页。

③ F. Zhao. Weaving Methods for Western-style Samit from the Silk Road in Northwestern China. *Central Asian Textiles and Their Contexts in the Early Middle Ages*. Riggisberg: Abegg-Stiftung, 2006, pp. 189-210.

④ F. Zhao. Jin, Taquete and Samite Silks: The Evolution of Textiles Along the Silk Road. *China: Dawn of a Golden Age (200–750 AD)*. New York and New Haven: The Metropolitan Museum of Art and Yale University Press, 2004, pp. 67-77.

⑤ J. Liu and F. Zhao. Dye Analysis of Two Polychrome Woven Textiles from the Han and Tang Dynasties. *Color in Ancient and Medieval East Asia*. Mary M. Dusenbury (ed.). Lawrence, KS: The Spenser Museum of Art, the University of Kansas, 2015, pp. 113-119.

⑥ R. Laursen. Yellow and Red Dyes in Ancient Asian Textiles. *Color in Ancient and Medieval East Asia*. Mary M. Dusenbury (ed.). Lawrence, KS: The Spenser Museum of Art, the University of Kansas, 2015, pp. 81-91.

5. 艺术设计的交流

丝绸艺术的交流无疑更为直观。从中国传统云气动物纹样在中亚平纹纬锦上的使用，希腊化艺术的毛织物、棉织物进入我国西北地区，萨珊波斯的联珠纹大量出现在中国西北的出土实物中，到北朝隋唐时期中国生产的丝绸织锦上大量出现丝绸之路题材的图案，均可以看出艺术设计交流和互鉴的频繁和常见。这种交流还一直影响到大唐风格的宝花图案、陵阳公样等程式的形成。在本展览中的青海都兰出土的黄地卷云太阳神锦是一个最佳的实例（cat. 2.41）。这件织锦的设计主题是源自希腊神话的太阳神赫利俄斯（Helios），这一太阳神应该是随亚历山大东征而来到东方，在印度称为苏利耶，到阿富汗则出现在巴米扬大佛窟顶天象图中。这件织锦图案融合了丝绸之路沿途的各种因素，驾车出行的太阳神题材是欧洲的产物，驾车所用的有翼神马（Pegasus）乃是出自希腊神话，联珠纹则是波斯的特征，太阳神的手印和坐姿则是弥勒菩萨的形象，华盖和莲花座等也是佛教艺术中的道具，而织入的汉字"吉"和织造技术则明显来自中原。因此，这件织锦算得上是一件融合了地中海、南亚、东亚三大纺织文化圈艺术风格的代表作。

结　语

丝绸之路是人类历史上的一个重要通道，为东西方文明的交融、人类文明的进步做出了巨大的贡献。进入 21 世纪后，丝绸之路对人类文化和社会经济的重要性再次受到重视，不仅学术界的成果辈出，丝绸之路也得以成功申遗。就在此时，我们回顾丝绸之路中作为核心的丝绸的起源、传播与交流，特别是回顾丝绸为丝绸之路的开拓与发展所做的贡献、在东西文化交流中所起到的作用，具有特别的意义。

第二部分　图　录

作者名表

展品图录

一

源起东方

　　作为中华文明的特征之一，以桑蚕丝为特色的蚕桑丝织技艺及由此衍生的丝绸文化历史悠久。在中国古代，很早就有关于丝绸起源的史料记载和神话传说，而通过近代考古所获的大量新石器时代的蚕茧、纺织工具、丝绸残迹等实物，更在科学上充分证明早在5000多年以前，中国已经出现了蚕桑丝织业。秦汉时期，中国丝织技术的古典体系已初步形成，黄河流域、长江中下游和巴蜀地区成为中国丝绸的三大主产区。而丝绸之路上的丝绸，主要就来自这三个地区。

1.1 瓮棺

新石器时代　陶
口径 31 厘米，底径 15.6 厘米，高 26.2 厘米
河南荥阳青台遗址出土
郑州市文物考古研究院藏（0583）

青台遗址位于河南郑州荥阳市广武镇青台村东，是豫中地区典型的仰韶文化遗址，其年代从仰韶文化中期一直延续至晚期。经国家文物局文物保护科学技术研究所碳 14 实验室测年，可知其绝对年代为距今 5500—4785 年。[1]1981—1987 年，郑州市文物考古研究所对之进行了连续发掘，在 4 座瓮棺葬（W142、W164、W217、W486）内出土有炭化纺织品。经上海纺织科学研究院鉴定，这批炭化纺织品中，不仅有麻布和麻绳，而且有丝帛和浅绛色罗，这在史前考古中是极为罕见的，具有重要的研究价值。

该陶罐为 W164 瓮棺葬具的下半部分，1983 年出土于仰韶文化中期早段文化层堆积。瓮棺由两件形制相似、大小基本相当的大口矮直颈夹砂罐上下扣合而成，均为大口方唇、矮颈、宽圆肩、小平底、肩部饰凹弦纹。出土时棺内葬一呈蹲坐姿势的婴幼儿，在头骨与肢骨上黏附有灰白色炭化丝织物，已呈多层胶结块状（图 1.1a），罐底有一层灰白色粟粒状炭化物。[2]

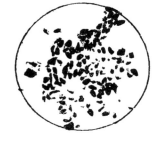

图 1.1a　俯视图　　　　图 1.1b　瓮棺黏附蚕丝截面

上海纺织科学研究院对 W164 的纺织品进行了组织结构和纤维材质的分析鉴定，发现这些用来包裹儿童尸体的纺织品均为丝质（图 1.1b），有平纹纱和二经绞罗两种类型，其中浅绛色罗是迄今史前考古发掘中发现年代最早、唯一带有色泽的丝织物。[3]

青台遗址中出土的丝织品，是纺织考古的一个重大发现，填补了黄河流域纺织史的空白。另一重要物证为 1926 年出土于山西夏县西阴村的半个蚕茧[4]，为史籍中有关黄帝及其元妃嫘祖"育蚕、取丝、造机杼作衣"等传说提供了实物佐证，表示当时黄河流域的初民开始进入利用蚕桑资源的阶段。（周旸）

[1] 郑州市文物工作队，1987，第 1—7 页。

[2] 郑州市文物考古研究所，1999，第 4—9 页。

[3] 张松林、高汉玉，1999，第 10—16 页。

[4] 蒋猷龙，1982，第 39—40 页。

1.2 纺轮一组

新石器时代　石　陶
陶纺轮（0153）：直径 5.8 厘米，厚 2.6 厘米　　陶纺轮（0260）：直径 3.9 厘米，厚 0.8 厘米
陶纺轮（099）：直径 5.3 厘米，厚 2.1 厘米　　陶纺轮（0166）：直径 4.0 厘米，厚 1.8 厘米
石纺轮（0030）：直径 6.0 厘米，厚 1.2 厘米　　陶纺轮（0490）：直径 4.1 厘米，厚 0.9 厘米
石纺轮（0146）：直径 6.0 厘米，厚 2.3 厘米　　陶纺轮（0361）：直径 3.3 厘米，厚 1.2 厘米
河南荥阳青台遗址出土
郑州市文物考古研究院藏

　　青台遗址发掘中出土了大量纺轮，质地有石、陶两种。石质纺轮的相对直径较大，一般为 3.9 ～ 6.94 厘米，重量为 48 ～ 110 克；陶质纺轮中红陶直径约为 3.7 ～ 6 厘米，重量为 27 ～ 112 克；灰陶纺轮直径为 3.5 ～ 6.05 厘米，重量为 17 ～ 102 克。[1] 这些不同直径和不同重量的纺轮，在中心孔内插入捻杆，便成为自新石器时代早期开始使用的纺线工具——纺专。

　　从历史文献中可以看到大量纺专的记载。《诗 · 小雅 · 斯干》中有"乃生女子，载寝之地，载衣之裼，载弄之瓦"。《毛传》："瓦，纺专也。"郑玄《笺》："纺专，习其所有事也。"孔颖达《正义》："妇人所用瓦，唯纺专而已。"从民族学的角度来看，在我国偏远少数民族地区还能看到比较原始的纺纱技术，如佤族、怒族、彝族、布朗族、藏族等使用的纺轮与考古发掘出土纺轮的形制几乎一样。

　　从历史文献、考古实物以及民间传统工艺几个方面来看，使用纺专纺纱或者纺线的技术由来已久。[2] 纺专是纺车发明以前人类最重要的纺纱工具，不同直径和重量的纺专可以让人们连续获取量多质优、不同纤度和捻度的纱线，极大地提高了生产效率。

　　青台遗址中出土了大量麻纱，应是利用纺专的自身重量和连续旋转对麻纤维进行加捻成纱的。从出土麻纱的捻向来看应为 Z 捻，即将纤维以手指捻合成纱，捻成一段后绕上捻杆，再用右手拇指和食指加捻上端，使纺专按顺时针方向转到成纱为 Z 捻。从麻布经纬纱的投影宽度在 0.2 ～ 0.6 毫米来看，当时先民普遍掌握了纺轮外形尺寸、重量与纱支粗细关系的基本原理，纺出不同规格的麻纱，用于织造不同规格的麻布。[3]（周旸）

[1] 郑州市文物工作队，1987，第 1—7 页。

[2] 陈维稷，1984，第 17—20 页。

[3] 张松林、高汉玉，1999，第 10—16 页。

1.3 针锥匕一组

新石器时代　骨
骨针（0691）：长 6.2 厘米　　骨针（01021）：长 6.1 厘米
骨针（01343）：长 8.9 厘米　　骨锥（01132）：长 12.2 厘米
骨锥（01133）：长 9.3 厘米　　骨锥（0041）：长 12.0 厘米
骨锥（0040）：长 9.3 厘米　　骨匕（0039）：长 14.8 厘米
骨匕（01001）：长 9.9 厘米
河南荥阳青台遗址出土
郑州市文物考古研究院藏

青台遗址在出土纺织品遗物和麻绳残段的同时，还出土了数百件陶刀、石刀、蚌刀、骨锥、骨匕与骨针等[1]，其中针、锥、匕均为原始纺织工具，针和锥用于缝制，匕用于分开纱线。随着原始纺织技术的发展，针和针上穿引的纱线逐渐演变成为织机上的杼子和纬纱，匕成为织机的打纬刀[2]，据此推测当时原始纺织已经出现。

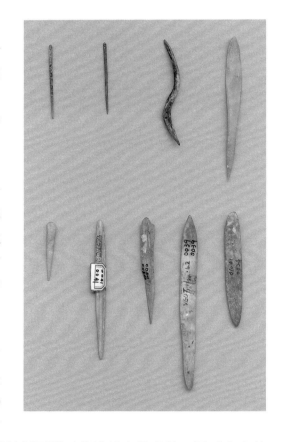

青台遗址中出土的骨针长度在 6.1 ～ 8.9 厘米，针身圆滑，针尖尖锐，针孔细小，针身形状有平直和 S 形弯曲两种，这一实物发现有助于直观了解仰韶文化时期纺织纤维的劈分技术。貌似简单普通的劈分在纺织发展过程中有着十分重要的意义，因为只有将植物纤维的韧皮撕开撕细，并将其松散的纤维捻合在一起，形成细而长的纱线，才能供后续织作之用。

中国的劈分技术非常古老，在石器时代的遗址中发现的大量骨针就是明证。时间最早也最重要的，是 1930 年在北京周口店旧石器时代晚期（距今约 18000 年）的山顶洞人遗址中发现的一枚骨针，针孔（残）细小，直径仅为 1 毫米。[3] 数量最多的，是在陕西西安半坡新石器时代遗址中发现的，同时出土的骨针竟多达 281 枚，针孔直径约为 0.5 毫米。[4] 通过这些骨针的针孔可以了解到中国在石器时代已经具备比较成熟的钻孔技术，同时也可以推测骨针牵引的不会是一般的植物枝茎和动物皮条，很有可能是用精细劈分的植物纤维或者丝纤维捻合而成的纱线，否则难以穿过如此细小的针孔。至于骨针针孔的细度，实际上可以反映当时制作的纱线所能达到的细度。（周旸）

[1] 郑州市文物工作队，1987，第 1—7 页。

[2] 陈维稷，1984，第 25 页。

[3] 陈维稷，1984，第 15—16 页。

[4] 中国科学院考古研究所，1963，第 81—82 页。

1.4 陶蚕蛹

新石器时代　陶
长约 6 厘米，宽约 1 厘米
河南淅川下王岗遗址出土
河南博物院藏

下王岗遗址位于河南省淅川县城南的下王岗村，1971—1974 年由河南省博物馆发掘，该陶蚕蛹发现于该遗址。[1] 从外观上看，陶蚕蛹为黄灰色，呈长椭圆形，两头略钝圆，宽幅以近中部为最大。这一构型线条流畅，自然生动，非常近似鳞翅目昆虫蛹的形状。

类似的陶蚕蛹在 1980 年河北正定南杨庄仰韶文化遗址（图 1.4a）[2]、1960 年山西芮城西王村仰韶晚期地层中也曾有所发现。[3] 从陶蚕蛹的外形和蛹体线条刻画来看，当时的制陶工艺人员深谙蚕蛹特征。一个比较小的动物（昆虫）到了如此令人熟悉的程度，可见在新石器时代，河南、河北、山西一带普遍存在蚕的踪迹，此时蚕蛹也许被人采集食用，或者可以说，蚕丝作为一种纺织纤维已经出现在黄河流域。

桑蚕是自然界中变化最为神奇的生物之一，自古至今让人们感到惊叹不已。蚕一生中有卵、幼虫、蛹、蛾的四种状态变化，这种静与动之间的转化（包括眠与起）使人们联想到最为重大的问题——天地生死。卵是生命的源头，孵化成幼虫就如生命的诞生，几眠几起犹如人生的几个阶段，蛹可看成是一种死，原生命的死，而蛹的化蛾飞翔就是人们所追想的死后灵魂的去向了。《博物志》提到"蛹，一名魂"，正是此意。《礼记·檀弓下》："孔子谓'为刍灵者善'，谓'为俑者不仁'。"俑即随葬之木俑、泥俑之类，其原意或与蛹有关。在此意义上，蛹也许与古人的生死观有关。[4]（周旸）

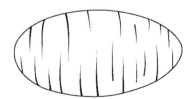

图 1.4a 河北正定南杨庄遗址
出土陶蚕蛹示意图

[1] 河南省博物馆，1972，第 6—15 页。
[2] 郭郛，1987，第 302—309 页。
[3] 中国科学院考古研究所山西队，1973，第 1—63 页。
[4] 赵丰，1996，第 67—74 页。

1.5 蚕纹象牙杖首饰

新石器时代　象牙
直径 4.8 厘米，高 3.5 厘米
浙江河姆渡遗址出土
浙江省博物馆藏（04480）

河姆渡遗址位于浙江省余姚市河姆渡镇，属距今约 7000—5300 年的新石器时代，1973 年和 1977 年经过两次发掘，该蚕纹象牙杖首饰在第二次发掘过程中发现。[1] 该首饰制作精细，外壁雕刻编织纹和四条两两相对、像是蠕动的虫纹，虫头圆，两眼突出，体屈曲状，其身上的环节数均与家蚕相似，似是模

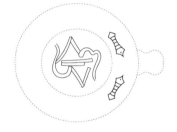

图 1.5a 江苏吴江梅堰遗址的蚕纹

图 1.5b 安徽蚌埠吴郢遗址的蚕纹

拟蚕的形象。"织纹"和"蚕纹"组成一个图像，反映了蚕与织的相互依赖关系。

长江中下游流域新石器时代文化遗址中屡有蚕纹出现。1959 年江苏吴江梅堰良渚文化遗址发掘出的黑陶壶的底部刻有一对蚕纹（图 1.5a）[2]，1974 年江西清江大桥乡筑卫城新石器时代晚期（距今 4500 年）遗址中出土了刻有蚕纹的印纹陶片，1988 年安徽蚌埠吴郢新石器时代遗址中出土的一件陶器底部描绘有一条正在营茧的蚕的图案（图 1.5b），1992—1998 年间江苏金坛三星村遗址（距今约 6500—5500 年）出土的石钺上也以蚕形作为骨质帽饰。[3]

《说文》："蚕，任丝也。"又云："丝，蚕所吐也。"可以说，在长江中下游流域新石器时期文化遗址中发现的蚕纹器，已显示出其与蚕业起源、丝绸起源的重要关联。（周旸）

[1] 河姆渡遗址考古队，1980，第 1—15 页。
[2] 江苏文物考古工作队，1963，第 308—318 页。
[3] 蒋猷龙，2010，第 14—17 页。

1.6　原始腰机玉饰件

新石器时代　玉
长 3.0 厘米，宽 2.8 厘米　长 4.5 厘米，宽 2.0 厘米　长 4.0 厘米，宽 3.0 厘米
浙江余杭反山 23 号墓出土
良渚博物院藏（1188、1189、1190、1191、1192、1193）

这是目前所知中国发现最早的最为完整的织机构件，1986 年出土自浙江余杭反山 23 号墓中，年代应属良渚文化中期偏早，距今约 5000—4800 年。[1] 出土的玉饰件共六件三对，玉色带黄，出土时相距约 35 厘米，推测其间原应有木质杆棒。通过对玉饰件截面的分析可复原出整个织机由经轴、织轴和开口杆三个部分构成：经轴一面平直，另一面呈半圆弧形，用于固定经丝，可以用脚撑住；织轴分为两片，可以夹住织好的织物；而开口杆是织机中最重要的部件，总体开关扁平，两端薄如舌簧，可以将经丝分为两组，然后插入，再立起形成开口，使投梭通畅。

中国丝绸博物馆根据实物分析复原了良渚织机（图 1.6a），操作方法如下：织者将整好经线的织机上身，用腰背把卷布轴系于腹前，再用双脚蹬起经轴，使织机上的经线基本平齐，一手用开口刀逐一穿过经线，穿好之后竖起，使经线分组，形成开口，然后用木质的细棍或梭子绕线引纬，放平开口刀，轻轻打纬后抽出，然后开始下一纬的织造。织造一定长度后，经轴翻转一周后放出若干经线，卷布轴则卷入一周长的织物。整个过程十分简单，可以织得幅宽在 35 厘米（玉饰件间距）以下的织物。

在良渚织机发现之前，在一些遗址中也曾发现过较多数量的纺织零部件，但由于出土时不成套及部件形状的特征不明显而很难进行准确的复原研究，如著名的河姆渡织机就是一例。良渚织机是目前发现的最早的可靠机型，不论是对研究良渚文化时期的社会生产力，还是对研究中国纺织史，都具有极重要的学术价值。[2]（赵丰）

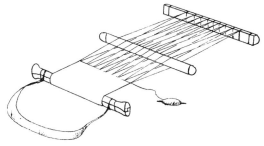

图 1.6a　良渚织机复原图

[1] 浙江省文物考古研究所反山考古队，1988，第 1—31 页。
[2] 赵丰，1992a，第 108—111 页。

1.7　绢片，丝线

新石器时代　丝
绢片：长 2.4 厘米，宽 1.0 厘米　丝线：长 4.0 厘米，宽 1.5 厘米
浙江湖州钱山漾遗址出土
浙江省博物馆藏（00337、02465）

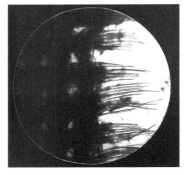

图 1.7a　绢片放大图

图 1.7b　丝纤维截面

　　钱山漾遗址位于浙江省湖州市八里店镇，属新石器时代晚期，是长江下游最为著名的史前文化之一。2014 年正式命名为"钱山漾文化"，一期文化的年代为距今约 4400—4200 年，二期文化距今约 4100—3900 年。[1]1958 年对钱山漾遗址进行第二次发掘[2]，分别于 12 号探方、14 号探方中发现苎麻织物，在 22 号探方中发现细麻布、棕丝刷，最后在一件压扁的竹筐里发现一堆织物，包括绢片（图 1.7a）、丝带和丝线，均属钱山漾一期文化。[3]

　　1960 年，经过浙江省纺织科学研究院鉴定，这其中的丝线属于家蚕丝，丝带以人字纹斜编而成，绢片为平纹组织。[4]1980 年，中国农业科学院蚕业研究所从外观初步鉴定，绢片属家蚕丝织物，这点虽有待于用物理、化学方法进行纤维鉴定得以确认，但亦可能表明当时已经饲养家蚕。[5]1981年，浙江丝绸工学院对之进行了更加细致的分析，绢片为平纹，经密 53 根 / 厘米，纬密 48 根 / 厘米，经纬线的平均直径 167 微米，由 20 多根茧丝并合而成，无捻，单丝平均直径 15.6 微米。丝带四股并合，Z 捻，再由丝线辫结成带，单丝平均直径 14.7 微米，S 捻，纱线平均直径 460 微米，单丝平均截面积 259 平方微米。丝的截面形态及不加捻的长丝等事实（图 1.7b），进一步证实了绢片、丝带、丝线均以桑蚕丝为原料。[6]

钱山漾遗址出土的丝织品是迄今为止在长江流域发现最早的丝绸产品，说明距今约 4400—4200 年前的长江流域已有养蚕、缫丝、织绸技术。（周旸）

[1] 浙江省文物考古研究所、湖州市博物馆，2010，第 4—26 页。
[2] 浙江省文物管理委员会，1960，第 73—91 页。
[3] 汪济英、牟永抗，1980，第 353—358 页。
[4] 浙江省文物管理委员会，1960，第 73—91 页。
[5] 周匡明，1980，第 74—77 页。
[6] 徐辉、区秋明、李茂松、张怀珠，1981，第 43—45 页。

1.8 玉管、佩组合右手腕饰

西周　玉
厚 0.3 ～ 0.6 厘米，长 1.7 ～ 3.5 厘米
河南三门峡虢国墓地梁姬墓出土
虢国博物馆藏（M2012:118）

三门峡虢国墓地是一处等级齐全、排列有序、独具特色且保存完好的西周晚期大型邦国公墓，历经 20 世纪 50 年代和 90 年代的两次大规模发掘，共清理 252 座墓葬、6 座车马坑、3 座马坑，出土各类珍贵文物 23000 余件，仅玉器就达 3000 件（组）之多。[1] 此玉管、佩组合就出土于此墓地目前已发掘的最为完整并且是规格最高的国君夫人墓——梁姬墓。

此玉佩组合出土时散落于墓主人右手腕部周围，共计 21 件。由 1 件兽首形佩、1 件鸟形佩、9

件形态各异的蚕形佩、2 件蚱蜢形佩及 8 件形态有别的玉管组成。依出土位置，经整理复原，连缀方式为：以兽首形佩为结合部，其余依次为鸟形佩、双面龙纹扁管、2 件蚕形佩、圆形管、2 件蚕形佩、管、2 件蚱蜢形佩、2 件残玉管、龙首纹扁形管、蚕形佩。[2] 最为瞩目的是其中 9 件蚕形佩，均为圆雕凸目，头部有穿孔，以阴刻线表现体节，形态各有不同，玉质为青玉，有沁色。

中国古人是世界上最早窥探到蚕、桑、丝秘密的族群，而人们因蚕结茧破蛹的生命形态，认为其喻示着永生，产生了蚕神和扶桑崇拜，将之视为沟通天地神鬼的最佳途径。

中国古代先民认为玉是天地之精，可以通天地、达神鬼，使灵魂不朽。早在旧石器时代，玉器就开始作为随葬品出现在墓葬中。到了周代，贵族盛行以玉殓葬，《周礼·春官·典瑞》等文献资料与考古发掘都给予了证明。同时，古人认为玉器有特殊的功效，施覆于人体各部位可以保护尸体不腐。如晋葛洪在《抱朴子》中说："金玉在九窍，则死人为不朽。"专为下葬而做的、用于殓护尸体的玉器[3]——葬玉出现了。相应的葬玉制度在西周时期形成并完善，在汉代达到巅峰。从墓葬出土情况来看，两周葬玉种类主要以缀玉幎目为中心，包括玉握、玉璧、玉塞（玉琀）、玉踏（趾玉）、棺饰用玉等。汉代的主要种类有玉衣、玉琀、玉握、九窍塞、玉枕、玄璧和镶玉棺等。曹魏时期，魏文帝曹丕明令禁止用"珠襦玉匣"，葬玉的使用才有所收敛，但并未绝迹，这种使用葬玉的制度一直延续到 20 世纪上半叶。[4]

西周墓葬中发现了大量的玉蚕，分布范围较广。陕西宝鸡竹园沟墓地、山东济阳姜集公社刘台子西周墓地、山西曲沃县曲村镇北赵村晋侯墓地、北京琉璃河战国墓群等都有出土[5]，摆放位置不一，在墓主人头、颈、肩、胸腹、手腕等处均有发现。同时，这些发现的玉蚕中大多有供穿丝绳的孔，推测是为佩戴所用；玉蚕具备装饰上的审美性，随葬于墓中则与蚕、玉文化的祭祀性联系在了一起。同时，丝则常作"组""绶"与玉一起使用，这也是一个重要的文化现象。[6]

此组合腕饰出土时品相基本完好，腕饰色彩夺目，展现了西周时期高超的玉器制作工艺和审美艺术；同时，玉料经鉴定为新疆和田玉，说明河南与新疆地区早已有了交往，是早期民族交流的物证。（陆芳芳）

[1] 郑立超，2012，第 87—89 页。
[2] 郑立超，2012，第 87—89 页。
[3] 石荣传，2003，第 62—72 页。
[4] 许海星，2005，第 63—67 页。
[5] 石荣传，2005，第 11—27 页。
[6] 顾俊剑，2012，第 14 页。

1.9 龙蚕形玉

西周 玉
长 6.2 厘米，最宽 2.6 厘米，厚 0.65 厘米
河南三门峡虢国墓地虢仲墓出土
虢国博物馆藏（M2009:796）

1991 年，考古工作者对三门峡虢国墓地北区第 2009 号墓进行了发掘，同墓出土了 200 余件大型青铜礼器（其中多铸有"虢仲"铭文，此墓墓主人为虢国国君）和大量品种全、工艺精、玉质好的玉器。

此件出土时呈半弧状，白玉质地。躯身为蚕，首尾共十个腹节，以阴线刻画，圆润分明。蚕背上有一立鸟，或为象征太阳的金乌鸟。蚕以桑叶为食，人们又从桑树中想象出一种扶桑神树，是太阳栖息的地方。[1]《淮南子·天文训》云："日出于旸谷，

浴于咸池，拂于扶桑……"在汉族神话中，也有"金乌负日"之说。

此玉首为蘑菇形角，张口，菱形眼眶，圆眼珠。与陕西、河南等地出土的西周同时期玉龙的形象较为相似。作为能上天入海的神兽和镇守四方的"四神"之一的龙很早就出现于中国神话中，更是中华文化里最具代表性和象征性的形象，在"事死如事生"的墓葬文化里也占据着重要的地位，在陕西、河南、湖南、山东等地的墓葬画、随葬玉器等上都有出现。并且蚕与龙在中国早期神话中相互关联。东汉时期，郑玄《周礼注疏》中引《蚕书》记载："蚕为龙精，月直大火，则浴其种，是蚕与马同气。"《管子·水地篇》里也说："龙生于水，被五色而游，故神。欲小则化如蚕蠋，欲大则藏于天下……"因此可以推测构成此件玉的元素为龙首蚕身立鸟。

以性质而论，玉、蚕、龙在中国墓葬文化中共有的作用可以分为两大类：沟通天地，引导墓主或墓主的灵魂升天，达到仙境；在墓葬中驱邪除魔，保卫墓主和他的灵魂。

此件龙蚕形玉极为罕见，是目前已知的最早代表蚕、龙关系的实物，也是说明中华民族的玉文化、龙文化、蚕桑文化的传播与交融的最佳考古实例。（陆芳芳）

[1] 赵丰，1993，第 21—25 页。

1.10 玉玛瑙玉握串饰

春秋早期　玉　玛瑙
长 10.2 厘米，宽 2.5 厘米，厚 1.5 厘米
陕西韩城梁带村芮国墓地芮姜墓出土
陕西省考古研究院藏（M26:267）

　　梁带村遗址位于韩城市区东北 7 千米处黄河西岸的二级台地上，此处发现了大量两周时期的
墓葬和车马坑，M26 就是其中一座大型墓葬。根据墓葬内出土的铜礼器的形制和纹饰，以及铜器
所铸铭文推测，M26 的年代为春秋早期，其墓主可能为一代芮公的夫人——芮姜。其随葬器物十
分丰富，出土的玉器数量大、种类多、等级高，在近年来的商周考古中较为罕见。

　　该串饰发现于墓主人的右手部位，由方柱状手握与其他组件构成，组件的数量不同。玉握为
白色，表面有杂质，素面。两端分别有 9 个牛鼻孔与玉兽面、玉贝、玉蚕、玉龟、玉珠、玛瑙珠
和料珠相互穿连成 8 条闭合的玉珠链，其中 2 条握于墓主手心，6 条覆盖于墓主手背。[1]

　　西周葬玉的主要种类包括握玉。握玉较其他葬玉出现早，但西周前期，握玉没有一定的形制，只
是将一些小型玉器握于手中，如山东济阳姜集公社刘台子 2 号墓，墓主人手中握白玉匕、玉棒，表明
此时手中所握之玉不是专门为了下葬所做的。西周中后期开始出现专门用于下葬的握玉，但无定制，
如河南三门峡上村岭所出土的握玉大多数为片状玉器，山东曲阜西"望父台"墓地所出土的握玉则大
多是圆柱形玉器等。握玉的使用范围大体为：西周中后期，大多出土于河南、陕西、山西等地；春秋

时期，随着缀玉幎目使用范围的迁移，握玉大多出土于山西一带；战国时期大多出土于河南、河北一带，多为长方形玉石片或是兽形玉石片，在较高等级墓中，偶尔出现使用生前玉器的情况。[2]

此件握玉中玉蚕的形制、材质以及与其他玉珠的组合方式，为我们认知西周时期陕西地区的蚕桑生产活动及蚕桑文化提供了珍贵的实物资料。（陆芳芳）

[1] 陕西省考古研究院等，2008，第 4—21 页。
[2] 石荣传、陈杰，2011，第 25—30 页。

1.11 合裆麻裤

西周　麻布　丝
残长 76 厘米，上宽 81 厘米、下宽 130 厘米
河南三门峡虢国墓地虢仲墓出土
虢国博物馆藏

河南省三门峡市上村虢国国君虢仲墓（M2009）墓主应为西周晚期到春秋之初的虢国国君并王朝卿士虢公鼓（虢石父）。[1]1991 年，该墓的棺椁内外出土了纺织品及服饰，其中在椁外发现了保存相对完整的两件套穿在一起的合裆麻裤和一片保存完整的矩形领口的麻上衣残片，在棺内的尸身上发现了衣服残片以及随葬玉饰穿系中残留的一些织物标本，面积虽然不大，但仍可得到绮、绢、组、绣、罗、印绘等六七个种类。此墓所出合裆裤是迄今为止发现的年代最早的裤，这是古代服饰研究领域的重大发现[2]，其上所用缝线经初步观察是丝线。服饰作为"礼"的内容，除御

寒蔽体之外，还被当作"分贵贱，别等威"的工具，所以西周王室设有庞大的官营作坊，主管纺织的"典妇功"与王工、士大夫、百工、商旅、农夫合成国之六职。西周王室在各部门下设专门管理王室服饰生活资料的官吏，如"典丝"掌管丝绸生产，"典枲"掌管麻类纺织生产。[3]西周的高级服装材料，确实已是丝麻并用，《诗经·郑风·丰》中提及"裳锦绹裳，衣锦绹衣"，说的就是锦很贵重，在穿锦裳和锦衣时，外面加罩麻裳和麻衣予以保护。（周旸）

[1] 贾洪波，2014，第 17—25 页。
[2] 王亚蓉，1994，第 109 页。
[3] 黄能馥、陈娟娟，1999，第 39 页。

1.12 鎏金铜蚕

西汉　铜鎏金
长 5.4 厘米，尾宽 0.6 厘米
陕西石泉谭家湾出土
陕西历史博物馆藏

1984 年 12 月，石泉县（汉朝时属汉阴所辖）池河镇谭家湾村村民谭福全，在池河中发掘出一枚红铜铸造的"鎏金蚕"，经鉴定为汉代遗物。[1]

但相关的文献记载却说明"金蚕"作为祭祀礼器是自春秋开始。《后汉书》记载："永嘉末，发齐桓公墓，得水银池金蚕数十箔，珠襦、玉匣、缯彩不可胜数。"秦朝的秦始皇陵中也有金蚕存在，清代张澍《三辅故事》引宋敏求《长安志》："以明珠为日月，鱼膏为脂烛，金银为凫雁，金蚕三十箔，四门施徼。奢侈太过。"东晋时期，"时有盗发晋大司马桓温女冢，得金蚕银茧及圭璧等物"。

此件全身首尾共计九个腹节，胸脚、腹脚、尾脚均完整，体态为仰头或吐丝状，制作精致，造型逼真。据《石泉县志》记载，此地古代养蚕业就很兴盛。当时养蚕之风盛行，加之鎏金工艺的发展，因而有条件以鎏金蚕作纪念品或殉葬品。这件鎏金铜蚕，在全国为首次发现，弥足珍贵。同时出土地点是陕南地区发现的具有重要价值的文物出土地点，这件鎏金铜蚕对研究金蚕出土地点的分布、形制演化过程以及当地蚕桑事业的发展历史具有重要的研究价值。（陆芳芳）

[1] 李垂军、潘尚琼，2007，第 67—68、70 页。

1.13 铜蚕

汉代　铜
长 9 厘米
河北定州 47 号汉墓出土
定州市博物馆藏

　　河北定州西依太行，东展沃原，古称中山之地。既富林木矿藏，又饶农植麻桑，且当大漠南下华北大平原之要冲，故自古以来，既是工艺精巧、佛法昌盛的城邑，又是中原与北方交往、中西文化汇聚之重镇。汉代延其故名，封子弟于此为中山国，是汉代诸侯王封国中比较大的一个王国。两汉共十七代中山王，世袭达 300 余年，在今河北省定州市境内，留下了大量的汉代中山王墓。[1]

　　此件出土于河北定州 47 号汉墓，应是中山国王墓周边的陪葬墓。此蚕体积较大，蚕表面材质只剩铜，全身首尾共计九个腹节，腹部八对足均完整，体态圆润饱满，或为吐丝状。蚕的体态刻画较为写实，说明当时此地应有养蚕的习俗。此件对于研究北方蚕桑技术、文化交流具有重要意义。（陆芳芳）

[1] 武贞，2013，第 27—30 页。

1.14 鎏金铜蚕

汉代　铜鎏金
长 7.5 厘米，长 6.1 厘米
河北定州静志寺塔地宫出土
定州市博物馆藏

　　1969 年，定州市博物馆发掘了宋代静志寺真身舍利塔塔基（五号塔基），清理出了金、银、玉、石、瓷器、木雕、串饰、铁器及丝织品 700 余件。根据塔基内的铭文和墨书题记可知，这个塔基是北宋太平兴国二年（977）所建。塔基中的文物是由几个时代的遗物合到一起的，其中有北魏兴安二年（453）所埋的石函，有隋大业二年（606）重葬时埋入的石函，有唐大中十二年（858）重葬的石棺和龙纪元年（889）葬入的石棺。这些器物中有的经过几次迁葬，每次迁葬都增添了不少随葬器物。最后一次迁葬在北宋太平兴国二年。当时定州的头面人物都施舍了不少东西，善心寺、开元寺也都随葬了一批器物，因此，这个塔基的文物十分丰富。[1]

此两件蚕出土于地宫中。蚕铜质，鎏金多脱落，蚕体饱满；头、胸、腹三部分刻画精致，全身首尾共计九个腹节，胸脚、腹脚、尾脚均完整，背面的尾角凸出。体态为仰头或吐丝状，头部器官刻画精细，憨态可掬。

在判断蚕的时代时，参考了与蚕一同出土的玉璧，包括古纹玉璧、夔龙纹玉璧等。[2] 根据玉璧的纹饰、形制、历史发展等推测应是汉代器物，因此可以推测这两件蚕也是汉代时期所造，是宋人后期迁葬地宫时放入做供养之用的。

定州目前发现的汉代鎏金铜蚕并不多。此组蚕可与陕西石泉县发现的金蚕等进行比对研究，对研究蚕桑生产、蚕崇拜，及其技术与文化交流具有重大意义。（陆芳芳）

[1] 定县博物馆，1972，第 39—51 页。
[2] 浙江省博物馆、定州市博物馆，2014，第 189—191 页。

1.15 龙凤虎纹绣

战国　罗地锁绣
长 123.9 厘米，袖口宽 31.9 厘米，袖肩宽 67.7 厘米
湖北江陵马山一号楚墓出土
荆州博物馆藏（5:2296）

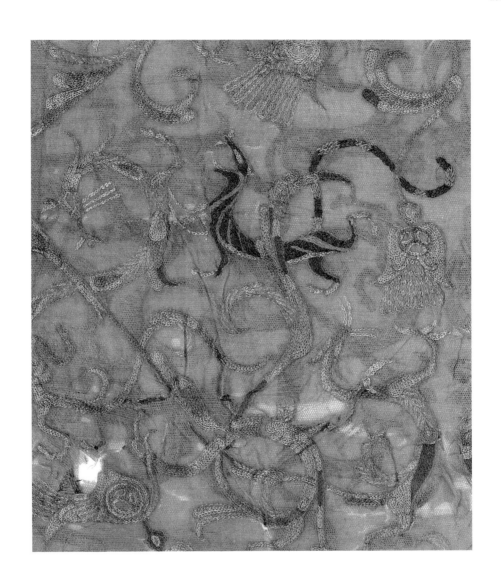

　　1982 年 1 月，湖北省荆州地区博物馆在位于楚故都纪南城西北约 8 千米处的江陵县马山公社砖瓦厂取土场发现了一座战国中晚期的墓葬，出土了一批珍贵的丝织品及其他文物，此块绣片就是其中一件，原为龙凤虎纹绣罗单衣的左袖，无衬里，袖口处有宽 5 厘米的锦缘，为大几何纹锦。袖子以灰白色四经绞素罗织物作绣地，其上以红棕、棕、黄绿、土黄、橘红、黑、灰等色丝线以锁绣技法刺绣。锁绣是中国的发明，其特点是前针钩后针从而形成曲线的针迹。

　　绣袖的图案由龙、凤、虎三种动物组成，采用缠绕穿插式排列，一侧是一只凤鸟，双翅张开，有花冠，脚踏小龙；另一侧是一只浑身布满红黑色（或灰色）条纹的斑斓猛虎，正张牙舞爪地朝前方奔逐大龙，而大龙则作抵御状。龙凤之间相互交错、缠绕，从而形成一种暗中的骨架，使图案的布局满而不乱，非常有章法。

　　龙凤是战国时期常见的丝绸刺绣图案，江陵马山楚墓出土的大量龙凤纹刺绣是当时龙凤艺术的集中表现。这种题材极易表现，因而应用甚广，在造型上采用打散、变异、构成等方法，以线条为主，通过其弯曲、缠绕、交错，显示了一种飘逸、神奇的美，是浪漫楚风的典型代表。（徐铮）

1.16 大几何纹锦

战国　平纹经锦
长 72.5 厘米，宽 30.9 厘米
湖北江陵马山一号楚墓出土
荆州博物馆藏（5:2298）

自春秋战国时期起，中国的丝织技术有了较大的发展，丝织图案也因此有所变化，在商周时期小几何纹的基础上发展出了大几何纹样。这种纹样以粗壮的几何纹作骨架，再填以各种小型几何纹样，最后形成的纹样较为复杂，循环也较大，在战国时期十分流行。

这类大几何纹的骨架主要采用两种形式：一是由勾连雷纹发展而来，是早期勾连雷纹的直接发展，只用几个小方块来区别勾连雷纹的地部与主体；一是由对称或不对称的锯齿形纹演变而来，犹如战国铜镜中的折叠纹。而此件大几何纹锦其主题纹样保留较为完整，由不对称的锯齿形几何骨架构成，并在其中填入各种小型几何纹样，是当时打散构成设计方法的体现，极富战国时代的特色。这种造型方法的使用和流行与当时占主导地位的多综式织机的使用有紧密的联系，由于多综式织机的综片有限，在不增加综片数的条件下，若要增加纹样的种类或循环，可以分段组合或重复使用综片。这样，一个简单的杯形纹样就能够产生多种打散的纹样。（徐铮）

1.17 隐纹地孔雀纹锦

西汉　平纹经锦
长 69 厘米，宽 50 厘米
湖南长沙马王堆一号汉墓出土
湖南省博物馆藏（6274）

此件织物于 1972 年出土于湖南长沙马王堆一号汉墓，该墓墓主人是西汉初年长沙国丞相利苍的夫人辛追。墓中出土了大量纺织品和服饰，主要集中出土在三个方位：一是西边厢的六个竹笥，大部分保存完整的纺织品和服饰都出土于此；二是北边厢的中部和西部，包括香囊、绣枕、夹袍等物；另一处是内棺的内外，包括棺内尸体所穿和包裹的多层丝麻织物、周围填塞和覆盖的衣物，以及棺板上的菱形花贴羽锦等。[1] 其织物种类涵盖纱、绮、罗、锦、刺绣、编织物等。

此件织物的图案采用满地式设计，类似于后世的"锦上开光"式样，其底部为网目状的横波形，其上以上下交替的形式嵌入两排不同的主题图案，其中一排形状较大，其主题图案为一展翅状的鸟，可能为孔雀之类；另一排的主题图案较小，为不规则的八角形，中间为两个同心圆，其形象极似经轴两端用作挡板和扳手的纺织工具——"胜"（图 1.17a）。整件织物的设计构思和配色技巧结合得十分巧妙，其地部组织和起花部分的经线采用了颜色较为接近的经线，而图案则以线条为主，似断非断，兼之织物结构细密轻薄，因此在织物表面形成隐纹，图案若隐若现，别具风格。同墓还出土了一件织造风格与之相似的隐纹花卉纹锦，其主题图案为花卉、枝叶一类，上下左右对称，线条似断非断，其中亦嵌入类似的八角形图案。

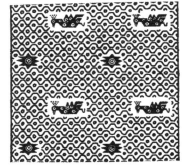

图 1.17a　纹样复原图

织锦两侧的幅边保存较好，宽各约 0.5 厘米，左右两边的组织结构略有不同。其中左侧幅边采用正反三纬重平组织织造，在两种组织交叉处形成明显的竖向隐条纹；而右侧则以单种三纬重平组织织造，由于采用双经作边经，从而形成竖向粗条纹。[2] 在幅边两侧还可见使用幅撑后留下的小针孔，虽然不太明显，但从隐纹花卉纹锦的两侧幅边所见的三齿小孔，可以推测出这种幅撑的两端各削成三个尖齿，在使用时插入绸边，幅撑的距离约为4～6厘米。[3] 从中也可看出，早在西汉时期人们已经开始使用幅撑来达到稳定幅度和使绸边平挺整齐的目的，从而提高织物的产品合格率。（徐铮）

[1] 上海市纺织科学研究院、上海市丝绸工业公司，1980，第 1 页。
[2] 上海市纺织科学研究院、上海市丝绸工业公司，1980，第 42 页。
[3] 上海市纺织科学研究院、上海市丝绸工业公司，1980，第 43 页。

1.18 着衣武士俑

汉代　泥质灰陶
高 56 ～ 58 厘米
陕西汉阳陵陪葬坑出土
汉阳陵博物馆藏（YG0816、YG0822、YG2026）

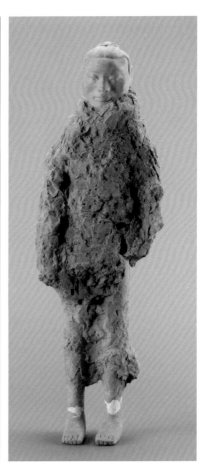

　　三件武士俑由泥质灰陶制成，全身施橙红彩，头发、眉和眼珠施黑彩。陶俑呈站立状，颧骨高突，头发自前额头中间向两边分开，然后与两鬓、脑后头发一起梳拢于头顶，绾成圆髻，中间横穿一孔，原用于插笄，现不存。肩部有一个圆形断截面，截面有一个小圆孔，原来插有可以活动的木质手臂，现已腐烂无存。汉阳陵出土的铠甲武士俑原来都身穿皮质铠甲，佩带有矛、铍、剑等各类兵器，但由于深埋地下，年代

图 1.18a　陶俑腿上的纺织品印痕

久远，出土时衣饰和铠甲已腐朽成灰，现有泥质的铠甲遗迹残留于上身以及腿部，并能在其中一件上较清晰地看到头部朱红色头巾以及腿上朱红色绑腿残留的丝麻痕迹（图 1.18a）。

　　这组着衣武士俑出自位于陕西省西安市北郊渭河之畔的汉阳陵陪葬坑，阳陵是西汉第四位皇帝景帝刘启及其皇后的合葬陵园，占地面积 12 平方千米，陪葬坑近 200 座。汉景帝刘启是中国历史上一位很有作为的皇帝，他在位时，继续文帝"与民休息"的政策，发展社会经济，巩固国家统一，史称"文景之治"。

　　阳陵墓俑种类丰富、数量众多，身高虽只及真人三分之一，但刻画细腻，栩栩如生。陶俑表情平和、雍容大度，是西汉文景时期国力上升、繁荣自信的时代风貌的真实再现。（陈波、王毅）

1.19　东织令印

西汉　铜
长 1 厘米，宽 0.9 厘米，高 0.8 厘米
陕西省考古研究院移交
汉阳陵博物馆藏（YG2003）

丝织业是汉代重要的手工业，汉代的官营丝织业在中央主要是长安城内的织室，织室设在未央宫，又分东、西两织室，"织作文绣郊庙之服"。《汉旧仪》卷下记载："凡蚕丝絮，织室以作祭服。祭服者，冕服也，天地宗庙群神五时之服。皇帝得以作缕缝衣，皇后得以作巾絮而已……故旧有东、西织室作治。"据《汉书·百官公卿表》，东、西织室各有东织、西织令丞，"河平元年省东织，更名西织为织室"。织室中从事劳作的主要是官奴婢，后妃和一些贵族妇女也会因为种种原因而被输入织室劳作。西汉初年，汉高祖击败项羽封立的魏王，就将其宫女送入织室。后来，汉高祖又从织室中挑选嫔妃，汉景帝的祖母薄姬就出自织室。

东织令印即东织室令的官印。汉代的织室当是承袭战国时代秦、楚等国的织室，《秦封泥汇考》中录有"右织""左织缦丞"等封泥，楚玺之中也有"织室之玺""中织室之玺"。西安汉城遗址内曾出"织室令印"铜印，汉阳陵从葬坑21号坑也出土有"东织寝官"印、"东织令印"封泥各一枚。21号从葬坑出土的陶俑大多为女俑，也反映出东织是很多女性参与工作的一个官署。这些印泥从侧面证实了汉代长安官营织造业的繁荣。（陈波）

1.20 "少府工丞"封泥

秦代　泥
边长 2.3 ~ 2.5 厘米
陕西西安相家巷村出土
西安博物院藏（H3: ⑥ ）

少府的职掌，据《汉书·百官公卿表》，乃"秦官，掌山海池泽之税，以给共养"。至于少府之得名，《北堂书钞》设官部称"少者，小也，故称少府。……大用由司农，小用由少府，故曰小藏"，《太平御览》职官部引《汉官》宰尹下曰"少府，言别为少藏，故曰少府"。秦少府由于有山泽市井之税和人口税等收入，财源充足，设有各种专门为皇帝服务的官署，并附设有供应皇室使用器物的各种手工业作坊。《汉书·百官公卿表》就记有少府所辖的官署和工室，"属官有尚书、符

节、太医、太官、汤官、导官、乐府、若卢、考工室、左弋、居室、甘泉居室、左右司空、东织、西织、东园匠十六官令丞，又胞人、都水、均官三长丞，又上林中十池监，又中书谒者、黄门、钩盾、尚方、御府、永巷、内者、宦者八官令丞。诸仆射、署长、中黄门皆属焉"，汉代少府基本沿袭秦制。

少府工丞是少府工室丞的省称。一般认为，少府工室丞是汉代考工室的前身。工室是战国时

代秦国特有的造办各类器物的官营手工业机构。出土及传世的漆器、铜器、封泥、玺印及秦简上都可找到工室相关的材料。当时政府的许多官署都可以设置工室来制造器物，如御府、少府、属邦下都设有工室，地方政府也有工室，如咸阳、栎阳、邯郸、邑。（徐文跃）

1.21 绫带

唐代 暗花绫
长 67.3 厘米，宽 6 厘米
陕西扶风法门寺地宫出土
陕西省考古研究院藏

法门寺位于陕西扶风法门镇，传说始建于汉代，盛于唐代，成为皇家寺院。有唐一代，法门寺每隔三十年打开一次地宫，取出地宫中所供佛指舍利到长安宫中供养，再重新和其他供养品一起埋入地宫。1987 年，在法门寺唐代地宫考古发掘中，出土了大量丝绸文物，按照功用性质不同，可将其分为两类：一类是皇室亲贵的供养品，一般以箱箧盛放，主要是丝绸衣物和匹料；一类是其他物件的附属品，如包裹金银器物、宝函的包袱等。

此文物为第五重宝函——六臂观音纯金宝函（图 1.21a）上的系带。系带中部颜色较深部位为宝函底部所压的位置，两端宽度较窄的部位为系带在宝函上的系结位置。系带经考古现场拆解打开后，进行了初步回潮展平处理。为保存系带中部宝函压放痕迹以及系带两端的捆绑使用痕迹，未对系带进行深度回潮、展平和清洗处理。

根据系带的保存现状和可提取的织物信息可知，系带由一块长方形的织物折叠缝制，现存宽度为 6 厘米，折叠缝合边处织物折叠在内的宽度为 4 厘米，说明整块织物原来的宽约为 20 厘米。织物经线方向为系带的长度方向，织物的经纬线均呈棕色，无明显捻向。织物为平纹地上起 1/5 的暗花织物，花部经线密度为 65 根 / 厘米，纬线密度为 40 根 / 厘米，织物地部经线密度为 60 根 / 厘米，纬线密度为 34 根 / 厘米。织物花部和地部所测得的经纬线密度不同，可能与系带织物上褶皱较多，未经充分展平有关。（路智勇）

图 1.21a 六臂观音纯金宝函

1.22 蹙金绣织物残片

唐代 蹙金绣
长 7.5 厘米，宽 6.5 厘米
陕西扶风法门寺地宫出土
陕西省考古研究院藏

蹙金绣是法门寺丝绸用金装饰的主要工艺类型。研究显示，法门寺蹙金绣所用捻金线多为含金量很高的金箔条捻绕而成，金箔条经捶打金箔片剪切而成，以 S 向捻绕在丝绸芯线外构成。捻金线通过缝线固定在织物表面形成图案，该蹙金绣的底层织物老化严重。

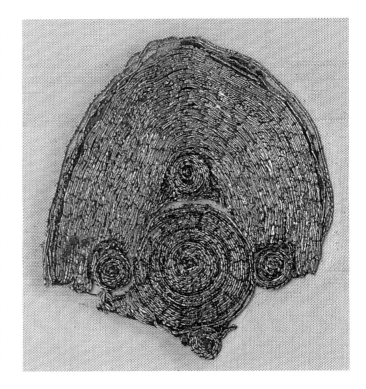

蹙金绣残片的刺绣图案呈现出一个大圆和周围四个小圆的结构，外部一端延伸成近似三角花瓣形状，对比法门寺织物的其他刺绣或蹙金绣纹样，基本可以确定此蹙金绣所呈现的纹样为莲瓣和莲蓬形象。从捻金线的盘绕方向和叠压关系推断，图案中间的大圆图案可能最先盘绕，接着盘绕圆与圆之间的填充捻金线，然后盘绕小圆，最后盘绕织物外端的花瓣部分。五个圆形图案部分采用单根捻金线盘绕，圆形之间填充位置采用两根捻金线为一组盘绕而成。圆形图案均由捻金线从圆心位置向外逐层盘绕而成，顺时针、逆时针方向盘绕现象均存在。花瓣部分采用两根捻金线为一组，从右边开始由外至里来回盘绕 27 次而成。捻金线直径为 202 ～ 453.3 微米，金箔条宽度为 210.2 ～ 1176.8 微米，金箔条厚度为 12.2 ～ 21.1 微米，金箔条与芯线夹角为 33 ～ 55 度，蚂蚁脚宽度约为 110.5 微米。蹙金绣表面采用墨绘线条形成环形图案，墨线宽度为 0.5 ～ 1.2 毫米。（路智勇）

1.23 花卉纹刺绣

唐代 平绣
长 26 厘米，宽 24.5 厘米
陕西扶风法门寺地宫出土
陕西省考古研究院藏

织物由底层平纹织物和表层罗织物组成。平纹织物水平方向丝线的粗细变化不均，有错织现象，应为纬线，呈土红色，无明显捻向，密度为 33 ～ 35 根 / 厘米，经线亦呈土红色，无明显捻向，密度为 35 根 / 厘米。罗织物为四经绞和二经绞变化的提花罗织物，花纹比较复杂。纬线呈褐色，无明显捻向，密度为 16 根 / 厘米；经线呈褐色，无明显捻向，密度为 48 ～ 56 根 / 厘米。织物下边缘处有一条折叠边，宽为 0.8 厘米，长度保存不完整，折叠边上侧边缘处有两条缝线。从折叠缝线看，织物折叠后，先使用 S 捻的缝线将织物固定在一起，然后在折叠好的织物上进行刺绣，最后再用 Z 捻的缝线进一步固定。

织物刺绣花鸟图案，织物中间部位的刺绣花纹主要采用接针，由 1 根深绿色和 3 根棕色丝线排列，重复两次，共 8 根丝线构成，深绿色的绣线位于花瓣内侧。花朵花梗位置采用并列的短接针，每两针为一组。花纹呈一定的叠压关系，每组刺绣的绣线方向不同，刺绣并非同一批次完成，刺绣顺序没有明显规律。

织物四周残存近似凤鸟图案的刺绣纹饰，残留部分为翅膀、尾巴及头部（图 1.23a）。

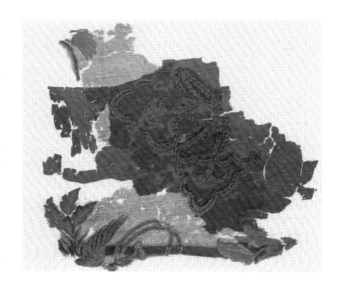

———— 褐色绣线
———— 棕色绣线
———— 浅棕色绣线
———— 深绿色绣线
———— 浅绿色绣线

图 1.23a　刺绣纹样图

这部分刺绣共用到 5 种颜色的绣线，针法分别是抢针和接针，绣线大多为没有捻向的丝线，但在翅膀与脖颈连接处，有一部分绣线为两股丝线组成的 S 捻绣线，一股为深绿色，另一股为棕色，捻数约为 800 ～ 1000 捻 / 米。鸟纹尾部的花纹比较有层次感，从残留的花纹来看分为两种：一种是里层为棕色绣线，外层为褐色绣线；另一种是里层为褐色绣线，外层为棕色绣线及浅棕色绣线。在刺绣下方织物表面，残存有一些白色痕迹，可能为颜料，有可能是织物刺绣前绘制的起稿线。（路智勇）

1.24 紫罗地花卉纹绣

晚唐　平绣
长 58 厘米，宽 58 厘米
河北定州静志寺塔地宫出土
定州市博物馆藏

晚唐五代直到北宋，佛教大盛，到处兴建寺塔，并在地宫里供奉各类珍宝器物，其中包括丝绸。[1] 这类丝绸的出土情况非常多，如陕西扶风法门寺、浙江杭州雷峰塔、瑞安慧光塔塔身、江苏镇江甘露寺铁塔塔基、苏州虎丘云岩寺塔塔身、云南大理三塔等，作为当时工艺中心的定州也不例外。

静志寺出土的丝绸种类其实很多，从保存下来的残片看，有绫、罗、绢等，由于是供奉舍利，特别多加了刺绣和印金等高级技艺。这里的花卉纹刺绣以紫罗作地，背衬紫绢，上用平绣针法、五色丝线绣出写生花卉，其原件可能是一件方形的包袱，用于包裹别的器物入藏地宫，但目前已经残缺不全（图 1.24a）。

定州自唐代起就是丝织重镇。虽然它没有官营作坊，但它却拥有唐代最大的民间丝织作坊。当时定州何明远家"有绫机五百张"。若按四川绫锦院 154 张机需工匠约 500 人计，则何家 500 张机需工匠 1600 多人。北宋时期，定州的丝织技术依然领先全国，其缂丝（又作克丝、刻丝）也名闻天下。所以，静志寺地宫刺绣的出土，是丝绸生产重镇之一的河北地区的珍贵实证。（赵丰）

图 1.24a　纹样复原图

[1] 浙江省博物馆、定州市博物馆，2014，第 205—206 页。

1.25　彩绘侍女俑

唐代　彩绘陶
高 42 厘米
陕西长安郭杜镇出土
西安博物院藏（丁 3gwA692）

　　女俑头微微倾向左侧，面庞圆润，施以粉彩，以细墨描眉，朱红点唇，面含微笑，头梳抛家髻。抛家髻是唐代后期较为流行的一种发式，以两鬓抱面，状如椎髻。身穿袒领白底彩花衫，双手拱于胸前，袖口宽大。隋至唐初流行小袖上衣，紧身长裙；盛唐以后，衣衫加宽，衣袖加大，与妇女丰腴的体态相得益彰。据《新唐书》记载，文宗时曾对女服做过衣袖不得超过一尺三寸的规定，结果"人多怨者"，可见当时人们对于宽袖的喜好。把部分胸脯袒露于外的袒领样式也是从盛唐以后开始流行的。[1]

　　女俑身披橙色帔帛，上绣有各类花朵，由前腹搭向双肩后下垂，下着淡绿色及地长裙，上系红色裙带。帔帛也称帔子，是绕于肩上起装饰作用的一种帛巾。宋人高承《事物纪原》引《二仪实录》云"秦有帔帛，以练帛为之，汉即为罗"，由此可知帔帛这种衣饰，秦汉时期在中原地区已经出现。帔帛在唐代尤为流行，不论是贵妇还是下层女工，都以披戴帔帛为美。帔帛通常以轻薄的纱罗裁成，上面印有图纹，其长度都在两米以上，用时常盘绕于两臂之间。妇女们在或宽或窄的帔帛装饰下更显妩媚多姿，别有神韵。

　　该女俑体态婀娜、色彩华丽、神态生动，让人想起唐代诗人罗虬"薄粉轻朱取次施，大都端正亦相宜"的赞美，体现了盛唐时期女性特有的自信和迷人魅力。（王毅）

[1] 香港文化博物馆，2002，第 9—10 页。

1.26 彩绘陶女立俑

唐代　彩绘陶
通高 43.3 厘米
陕西西安新筑乡于家村出土
西安博物院藏（丁 3gwK14）

女俑梳双髻垂于两侧，面庞圆润，头微右倾，朱唇轻抿，面含微笑。内穿半袖，外罩浅绿色圆领对襟长袍，上面散缀着圆形白色团花。襟部从领至袍下端绘有彩色纹饰，应为变体宝相花纹。半袖装由西域传入，是一种半袖的对襟翻领（或无领）短上衣，多用织锦制成，在唐代以前就已经出现，到了唐前期，半袖仍为宫廷女性喜欢，《新唐书·车服志》记载，"半袖裙襦者，东宫女史常供奉之服也"，中唐以后逐渐少见。

女俑双臂置于胸前，手有残，袖口下垂，腰束黑色革带，在身后镶有五个描金圆铐，应为"蹀躞带"。蹀躞带是一种原多用于少数民族的腰带，在玉、金属或其他材质的腰铐上打上小孔，内穿下垂的小皮条以悬挂各类的随身物品。下端露出红色小口裤，足蹬翘头锦履，站立于中间有空的托板上。女俑所着为男式袍服，但纹饰又具有女性特征，显示了唐代女性穿着男式服装的流行。[1]

该女俑出土于唐金乡县主与其丈夫的合葬墓。金乡县主是唐代开国皇帝李渊的孙女，滕王李元婴之第三女（李元婴在任洪州都督时主持修建了名传后世的江南名楼滕王阁）。该墓的葬具使用了石椁，墓内有彩绘壁画，等级较高。出土的 150 余件彩绘陶俑，均是唐玄宗开元十二年（724）安葬金乡县主时的随葬品。陶俑种类齐全、组合完整，包含了盛唐时期社会生活诸多方面的信息，且制作精致细腻、构思巧妙、色彩华丽，是盛唐时期陶塑艺术品的杰出代表。（王毅）

[1] 王自力、孙福喜，2002，第 39 页。

1.27　三彩女立俑

唐代　陶
高 43 厘米
陕西西安郊区出土
陕西历史博物馆藏（Q1006）

　　女俑拱手站立，额前梳一小髻，鬓发浓密，面庞丰润，双唇微闭，面带笑容，身穿无领尖口落地长裙，长裙下露出高头丝履。

　　宽幅、多褶的曳地长裙是唐代女性最典型的下装，史书上所谓的“破”，即就幅数而言。这种多幅长裙，有用单色裙料制作的，称为单色长裙；有用两种或两种以上的裙料制作的，称为间色长裙。据载，隋唐女子的长裙有“十二破”“六破”“七破”之分。[1] 这种高腰长裙给人的视觉印象是加长的下身，让人感到着衣者更加修长和俏丽。唐代诗人对女性曼妙的长裙曾多有描写和赞美，如孟浩然的《春情》：“坐时衣带萦纤草，行即裙裾扫落梅”。轻薄的衣裙与丰腴的体态完美地结合在一起，衣裙自然流畅的丝绸质感与优美的女俑曲线体现了唐代女性的柔美、端庄与高雅。（王毅）

[1] 香港文化博物馆，2002，第 9—10 页。

1.28　彩绘陶骑马击腰鼓女俑

唐代　彩绘陶
通高 37.5 厘米，马长 32.8 厘米
陕西西安新筑乡于家村出土
西安博物院藏（丁 3gwK75）

　　女俑头戴孔雀冠，向左前方平视，面庞圆润，配以小巧的鼻子和樱桃小嘴，显得丰腴而秀美。冠上的孔雀翘首远眺，彩色的尾羽飘然垂于女俑肩背部。女俑身穿粉白色圆领窄袖长袍，袍的前胸、后背、双肩及双腿上各饰一朵黑线勾边白中泛红的团花图案；脚蹬黑色高筒尖头靴，端坐于马背上，双手作拍打腹前束腰鼓状。坐骑为白色高头马，昂首竖耳，目视前方，嘴半张，马尾高翘，站立于长方形底板上。黑色马鞍下搭有天蓝色鞍垫，上面散缀有彩色四瓣小花纹饰。

女子衣着为典型的胡服样式，所持腰鼓也为魏晋时从龟兹传入中原，同墓出土的另外四件骑马伎乐女俑所持乐器分别为琵琶、箜篌、铜钹、筚篥，皆属胡乐，这些骑马伎乐女俑可能是墓主人生前拥有的女乐形象的反映，从中反映出西域音乐在唐代贵族生活中普及的情况。这也让人想起唐代诗人元稹在《法曲》一诗中描绘的场景："自从胡骑起烟尘，毛毳腥膻满咸洛。女为胡妇学胡妆，伎进胡音务胡乐……胡音胡骑与胡妆，五十年来竞纷泊。"

孔雀历来以其华美的羽毛受到上层阶级的喜爱，史书中有不少织孔雀毛为裘的记载。如《南齐书》中记载文惠太子"织孔雀毛为裘，光彩金翠，过于雉头（裘）远矣"；《新唐书·仪卫志》中也有大唐君主在新年和冬至元日大宴蕃国首领时，仪仗队中有穿小孔雀氅的记载。唐代孔雀的形象也较多出现于青铜镜和玉配饰上，但这件女俑所戴的孔雀冠在众多的唐俑中尚属首次发现，弥足珍贵。（王毅）

1.29 三彩骑马击鼓俑

唐代　陶
高 33 厘米，长 29 厘米
唐昭陵陪葬墓出土
陕西历史博物馆藏（九一 67）

男俑头戴黑色风帽，通身施绿釉，身穿右衽交领阔袖长袍，足登高筒靴，端坐于马背之上，双腿前置一圆鼓，两手紧握且中空，原应持有鼓槌，右手抬起，左手平放，作打鼓状。马通体施黄釉，双耳竖立，双目圆睁，四肢立于长方形底板上。

这件骑马俑出土于唐昭陵陪葬墓。昭陵是唐太宗李世民与长孙皇后的合葬墓，位于陕西省礼泉县城东北的九嵕山上，占地面积200平方千米，共有陪葬墓180余座，是中国帝王陵园中面积最大、陪葬墓最多的一座。从唐贞观十年（636）长孙皇后首葬，昭陵的陆续建设持续了一个世纪之久，地上地下遗存了大量的文物，是初唐走向盛唐的实物见证，也是了解、研究唐代政治、经济、文化的文物宝库。

该击鼓俑是墓中仪仗乐俑的组成部分，唐墓中出土的骑马鼓吹乐俑一般有击鼓俑、拍击乐器俑及吹奏乐器俑数种，有时还包括少量歌唱俑，它们是对墓主人生前出行仪仗中鼓吹队伍的模拟，体现了墓主人希望在死后继续其奢华生活的愿望。（王毅）

二
大道开远

　　西汉武帝时张骞两次出使，凿空西域，并经过此后不断的经营，基本打通了中国中原地区与中亚、西亚及欧洲的交通，成为对蚕桑丝织业生产影响巨大的事件。长安的开远门外，就是西去丝绸之路的大道。河西走廊上的"四郡两关"（武威、张掖、酒泉、敦煌四郡及阳关和玉门关），沿途出土了大量汉代丝绸实物。而作为军事重镇的河湟之地则有"河南道"（或称"青海道"），成为中国东部沟通西域的咽喉要道。

2.1 陶骆驼俑

北魏　陶
长 23 厘米，高 24.5 厘米
河南洛阳宜阳出土
洛阳博物馆藏（002422）

　　骆驼曲颈昂首，双目圆睁，直视前方，嘴部微张，牙齿紧扣，鼻孔大张，似作打响鼻状。驼顶鬃毛浓密，颈部以黑线刻画出茂密的驼绒，四腿站立于长方形踏板上。背有双峰，峰间覆有鞍鞯，并搭以驼架，上驮一床折叠的毯子，四周用刻线表示纹饰，其上是一个饱满的囊袋，前面挂有一条鱼，后面挂有一只小兽，似为野兔。

　　该骆驼俑出土于洛阳市西南宜阳县的杨机墓。杨机，字显略，生于北魏孝文帝延兴四年（474），官至北魏"度支尚书"，相当于今天的财政部长。杨机在仕途上步步高升时正值北魏的衰败期，北魏高层争斗不断，杨机也被卷入。北魏永熙二年（533），他被杀害于洛阳市永宁寺前。杨机墓出土的彩绘陶俑，数量大、类型丰富、组合清楚、制作精美，是孝文帝迁都洛阳后北魏礼仪制度日趋严密、丧葬制度日趋规范化的典型代表。[1]

　　骆驼形象在墓葬中出现得很早，如战国时期的湖北江陵望山楚墓就曾出土过两件骆驼铜灯，汉代墓葬中也发现过个别骆驼俑和描绘有骆驼形象的画像石、画像砖。但总的来说，当时骆驼还是一种令人感到陌生的动物，撰写于东汉末年的《理惑论》就记载过这样的民谚："少所见，多所怪，睹骆驼，言马肿背。"

　　北朝以后，随着丝路商贸的日渐繁盛，中外商队频繁往来于丝路，尽管马、驴、骡、牛在丝路商队贸易中都起到重要作用，但作为丝路上载物负重和穿越茫茫沙漠戈壁的最主要交通工具，骆驼成了丝绸之路上最具代表性的象征符号。墓葬中的骆驼俑数量较前代有大量增加，骆驼形体的表现也更加准确和丰富。据研究，这一时期骆驼俑背上所载的物品主要是丝束、布匹、兽皮等货物及商队在旅途中必不可少的生活用品，如帐篷和水壶等，有时还有一些动物，如死鱼死鸟和活的狗或猴子。[2]

　　洛阳一直是丝绸之路上非常重要的贸易和交流中心，在隋唐洛阳城外郭城正门定鼎门外还发现了晚唐时期的骆驼脚印。这件载物骆驼背上的毛毯应为商旅在路途中休憩所用，鱼和肉为其食物，囊袋里所装的则可能是用于交易的商品。该骆驼俑生动地反映了当时丝路行旅的艰辛和往来贸易的繁荣，也反映了洛阳城作为丝路重要起点之一的历史地位。（王毅）

[1] 洛阳博物馆，2007，第56—69页。
[2] 齐东方，2004，第6—25页。

2.2　三彩牵马俑

唐代　陶
高62厘米，宽20厘米
河南龙门东山出土
洛阳博物馆藏（002495）

　　牵马俑头发中分，昂首上视，面带笑容，身穿翻领袍服，施黄绿彩，袍长及膝，腰系带，足登高筒靴。右手上举，两拳虚握，双手做牵持缰绳状，两腿微分，站立于方形踏板上。由于胡人高超的驾驭马和骆驼的本领，胡人牵马、牵骆驼与骑马、骑骆驼的形象在唐代十分常见。唐代著名边关诗人岑参就曾写下"紫髯胡雏金剪刀，平明剪出三鬃高"的诗文，真实反映了胡人高超的养马技巧，而翻领交襟长袍和长筒靴也是这一时期牵马牵驼胡俑的典型服饰。

　　这件俑的主人是唐代定远将军安菩，他是唐初归附的西域安国部落大首领的后代，其祖孙四代均受唐封，任唐官职。安菩死于664年，最初被安葬在长安；709年，其子将其尸骨迁到洛阳与母亲合葬，建造了安菩夫妇墓。安菩墓中随葬器物十分丰富，其中尤以三彩器出土数量最多，且胎质洁白、质地坚硬、器形高大、釉色艳丽，代表了较高的烧制水平，堪称中国盛唐时期唐三彩的典型代表。安菩没有归葬安国，且葬制一如中原汉人，也体现了唐王朝的包容和唐代胡汉融合程度之深。[1]（王毅）

[1] 赵振华、朱亮，1982，第21—27页。

2.3 彩绘胡商俑

唐代　彩绘陶
高 23.5 厘米
河南洛阳出土
洛阳博物馆藏（000071）

　　胡俑头戴尖顶帽，朝左边凝望，深目高鼻，长满络腮胡，身穿翻领右衽袍服，腰系带，肩背囊袋，左手持带把提壶，脚穿高筒靴，躬身站在踏板上。

　　陶俑所持带把提壶是原产于中亚地区阿姆河、锡尔河流域的粟特器物，传入中原后器形有了新的发展，并得到广泛使用。粟特是中亚古民族名，据《隋书》记载，粟特先民原居祁连山下"昭武城"（今甘肃张掖），后为匈奴人所破，被迫西迁至中亚，并建立了康国、安国等一系列小国，史称"昭武九姓"。粟特人善经商，据《旧唐书·西戎传》记载，康国人"善商贾，争分铢之利，男子年二十，即远之旁国，来适中夏，利之所在，无所不到"，韦节《西蕃记》也有记载，"康国人并善贾，男年五岁则令学书，少解则遣学贾，以得利多为善"。

　　对于沿丝路纷至沓来的胡商，唐政府设置专门的机构进行管理，规范他们的交易活动，并给予充分自由。胡商发挥其经商天赋，有的还在大唐结婚生子，长期居住，不再回国。他们把故乡的饮食、服饰、乐舞、风俗、宗教等传播到中原，特别是当时的国际大都市长安和洛阳，导致胡人的生活方式与习俗逐渐影响到社会各阶层。这件俑就生动展现了胡商为了获得盈利不辞万里往来丝路的艰辛。（王毅）

2.4　三彩载物骆驼俑

唐代　陶
长 45 厘米，高 51 厘米
陕西西安机械化养鸡场出土
西安博物院藏（丁 3gwE261）

　　骆驼双目圆睁，驼首向左高昂作嘶鸣状，双峰分别朝左右弯曲，峰上套有鞍鞯，上面覆以兽面驮囊，囊袋上搭着一卷蓝色丝束，驼尾上卷，四足立在长方形托板上。

　　骆驼分单峰驼和双峰驼，双峰驼产于我国及中亚，单峰驼生长于阿拉伯半岛、印度及北非，在唐代墓葬中出现的主要为双峰驼。唐代诗人杜甫有诗说"东来橐驼满旧都"，形象地描绘了骆驼以唐朝首都长安为起始点，驮载着东西方物品往来于丝路的场景。

　　这件骆驼俑背上的兽面驮囊在唐代其他三彩骆驼俑上也屡有出现，对兽面的含义，有学者认为，兽面是祆神的表现，反映了信奉祆教的突厥人"无祠庙，刻毡为形，盛于皮袋"的祭祀方式。[1] 也有学者认为，兽面表现的是虎，而白虎是中国四兽中代表西方的兽，西方正是死者的目的地。根据后一种观点，骆驼驮载的物品并非丝路贸易中真实物品的写照，而只是有限的一些概念，除了表示富有外，这些物品主要是提供给墓主灵魂的牺牲品。这种观点认为，随着丝路贸易的开通，骆驼变得十分重要，也成为精神供品的驮载者。而且据吐鲁番文书记载，驮载的丝可能是为了攀天而用的。[2] 目前学界对此并未达成一致意见。（王毅）

[1] 姜伯勤，2004，第 225—236 页。
[2] 荣新江，1999，第 533—536 页。

2.5　骑驼俑

唐代　铜
长 6 厘米，宽 4 厘米，高 6.42 厘米
西安汉城出土
西安博物院藏（丁 3gtD33）

　　骆驼直立，曲颈抬头，驼尾下垂，背上有双峰，双峰间骑有一头戴风帽、身着交领长袍、深目高鼻的胡人，左手搭于驼前峰上，右手下垂，紧握驼鞭。唐代的骆驼俑主要为陶骆驼和三彩骆驼，铜骆驼较为少见。

　　胡人是我国历史文献中对西北各少数民族部族、中西亚甚至欧洲各民族人的统称，以胡人形象为蓝本所制造的墓俑，被考古学家称为"胡人俑"。胡人俑是一种较为特殊的陪葬俑，汉代偶有发现，魏晋南北朝时期数量逐渐增多，在隋唐时期，尤其是盛唐墓葬中蔚为大观，宋及以后几乎不再陪葬胡俑。唐代胡俑出土相对比较集中，首先是西安、洛阳两京地区的皇室贵族墓，其次是位于丝路要道，多民族杂居的陇右地区，再次则是唐王朝的北方门户太原周围。由此可见，胡俑形象从出现到繁盛再到几乎消失，与沙漠丝绸之路的兴起、繁荣到衰退密切相关。（王毅）

2.6　彩绘牵驼胡人俑

唐代　彩绘陶
陕西长安韦曲镇 206 研究所工地出土
西安博物院藏（丁 3gwA19、丁 3gwB169）

　　骆驼曲颈昂首，张口作嘶鸣状，驼尾缺失。双峰间搭有鞍鞯和驼架，上覆以囊袋、丝束与扁壶（扁壶是便于游牧民族在驼马上使用的容器）。胡俑头戴尖顶毡帽，身穿圆领窄袖长袍，腰系带，脚穿长靴，脸上长满络腮胡，颧骨高突，体格健壮，眼眶深陷，鼻子高大。两件俑原施彩绘，现已脱落。

　　深目高鼻、多须髯是胡人典型的体表特征，在唐代的诗文作品中有生动的表现。如对于胡人的深目碧眼，有岑参的"君不闻胡笳声最悲，紫髯绿眼胡人吹"，李贺的"卷发胡儿眼睛绿，高楼夜静吹横笛"，以及李白的"幽州胡马客，绿眼虎皮冠"等；对于其高鼻，则有杜甫的"铁马长鸣不知数，胡人高鼻动成群"以及李端的"胡腾身是凉州儿，肌肤如玉鼻如锥"。而胡人有别于中原汉人的紫色须髯更是几乎成了其代名词，如张说的"摩遮本出海西胡，琉璃宝服紫髯胡"，李绅的"紫髯供奉前屈膝，尽弹妙曲当春日"等。[1]

　　胡人形象在唐代文化作品和陪葬俑中的大量出现，无疑与当时丝路贸易的兴盛有着密切关系，胡人与骆驼的组合，也成为丝路最具代表性的象征。而骆驼囊袋上的丝束也引人注目。丝绸之路上有各种各样的往来货物，但得到最广泛表现的还是丝绸，这不禁让人想起唐代诗人张籍"无数铃声遥过碛，应驮白练到安西"的诗句，并再次印证了"丝路之绸"对于丝绸之路的重要性。（王毅）

[1] 高建新、崔筠，2015。

2.7 卧驼及骑驼俑

唐代　陶
长 60 厘米，通高 48.5 厘米
陕西西安韩森寨村出土
西安博物院藏（丁 3gwA252）

　　骑驼俑头戴尖顶毡帽，身着圆领袍服，脸微右侧，紧视驼首，右手高举，呈握拳扬鞭状，左手朝下伸直，双腿紧夹驼身。骆驼四肢跪地，颈部直立，上唇有缺，舌头直伸，呈竭力嘶鸣状。

　　这组俑生动展现了骑驼胡人高超的驯驼技术，让人想起杜甫在《寓目》中所写的"胡儿掣骆驼"的诗句。一般认为，从唐墓中发掘的胡俑大部分表现的是来华胡人中的下层，主要从事养马牵驼、随从役使等工作。同时，由于古人制作这些胡俑的目的是随葬，不是写实的艺术创作，存在一定的程式化，如类似骑驼俑在别的唐墓中也有发现。但陶俑所展现的胡人形象的千姿百态，却依然来源于当时工匠对现实生活的细致观察。从这些胡俑与骆驼的组合中不难体会到唐代长安和洛阳的繁华和魅力。这两座大都会吸引着无数蕃客胡商，他们牵着驼队带来遥远西方的宝货，又驮着中华所产的上等丝绸和货物运往西方。（王毅）

2.8 《河西道驿置道里簿》简

西汉　木
长 19 厘米，宽 2.2 厘米，厚 0.5 厘米
甘肃敦煌悬泉置遗址出土
甘肃简牍博物馆藏（Ⅱ90DXT0214①:30）

　　悬泉置遗址是继居延遗址之后简牍出土数量最多、内容最为丰富的遗址。该遗址位于甘肃省敦煌市甜水井东南，因出土的汉简上书"悬泉置"三字而定名。甘肃省文物考古研究所于 1990 年至 1992 年，分两个阶段进行了全面挖掘。遗址由主体建筑坞堡和坞外附属建筑仓、厩构成。遗址内出土有简牍 2.1 万余枚，纪年简最早的是武帝太始三年（前 94），最晚为和帝永元十三年（101），其中以宣帝、元帝、成帝时期的简牍最多。据出土的汉简，悬泉置遗址西汉武帝时称"悬泉亭"，昭帝时改称"悬泉置"，东汉后期又改称"悬泉邮"。除却简牍之外，遗址内还出土有漆器、木器、陶器及麻、皮毛、丝绸、纸张等众多遗物。此简出自悬泉置遗址，录文如下：

　　仓松去鸾鸟六十五里
　　鸾鸟去小张掖六十里
　　小张掖去姑臧六十七里
　　姑臧去显美七十五里

　　堅池去觻得五十四里
　　觻得去昭武六十二里府下
　　昭武去祁连置六十一里
　　祁连置去表是七十里

　　玉门去沙头九十九里
　　沙头去乾齐八十五里
　　乾齐去渊泉五十八里
　　右酒泉郡县置十一 ·六百九十四里

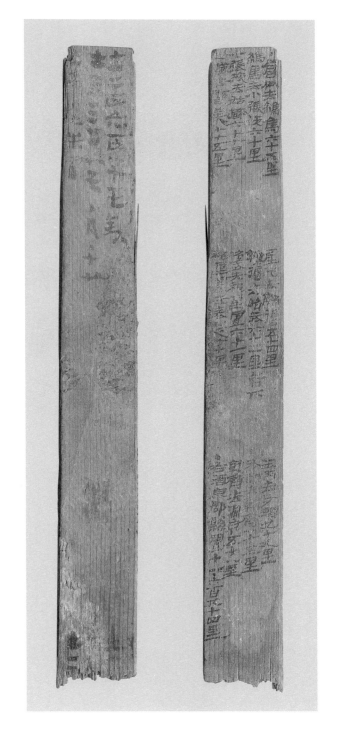

此简反映西汉末年成哀时期和王莽时期丝绸之路上武威、张掖、酒泉三郡部分驿置的名称、次第、里数等情况。木简第一栏记述武威郡沿途各县里程，向西延及张掖郡的显美；第二栏记述张掖郡沿途各县里程，向西延及酒泉郡的表是；第三栏记述酒泉郡沿途各县驿置里程，向西延及敦煌郡的渊泉。[1]（徐文跃）

[1] 初世宾，2008，第88—115页。

2.9 《南道道里集簿》简

西汉　木
长 13 厘米，宽 1.5 厘米，厚 0.5 厘米
甘肃敦煌悬泉置遗址出土
甘肃简牍博物馆藏（V.T1611 ③ :39）

此简出自敦煌悬泉置遗址，记录了自悬泉至长安沿途各主要地点的名称和距离，十分珍贵。录文如下：

张掖 [郡]，千二百七十五 [里]。冥安，二百十七 [里]。

武威 [郡]，千七百二 [里]。安定 [郡] 高平，三千一百五十一里。……

金城 [郡] 允吾，二千八百八十里，东南。

天水 [郡] 平襄，二千八百卅 [里]，东南。

东南去刺史□三□……□八十里……长安，四千八十……

根据初世宾等人的研究，此简属于驿置道里簿一类，但属于更为高级的里程统计，也就是说是更为宏观的道里集簿，所以，初世宾把它称为道里集簿简。又因为这一简中记载了从悬泉置到张掖、武威、安定、金城（兰州）、天水、刺史治所（应为陇，今陇城镇）再到长安的距离，相当于西汉稍晚些时候开通的南道（相对于固原而言），所以，我们在此称其为《南道道里集簿》简。[1]

　　在西北地区发现的大量汉简中，有不少道里簿之类的简牍。现在最为著名的就是出自敦煌悬泉置的《河西道驿置道里簿》、出自内蒙古额济纳旗破城子的《高平道驿置道里簿》。根据专家的考证，这两枚简基本上包含从长安出发，沿泾河北上，到甘肃平凉，再北跨过六盘山到固原，从固原渡黄河进入景泰，越过乌鞘岭进入甘肃再走河西走廊到武威、张掖、酒泉，一直到敦煌的一条官道，前一半称为高平道，后一半称为河西道。另外就是这枚敦煌悬泉置的《南道道里集簿》简，前一半称为南道，相对于固原而言，后一半也是河西道。这是汉代丝绸之路从长安到敦煌最为常走的通道（图2.9a）。（赵丰）

[1] 初世宾，2008，第88—115页。

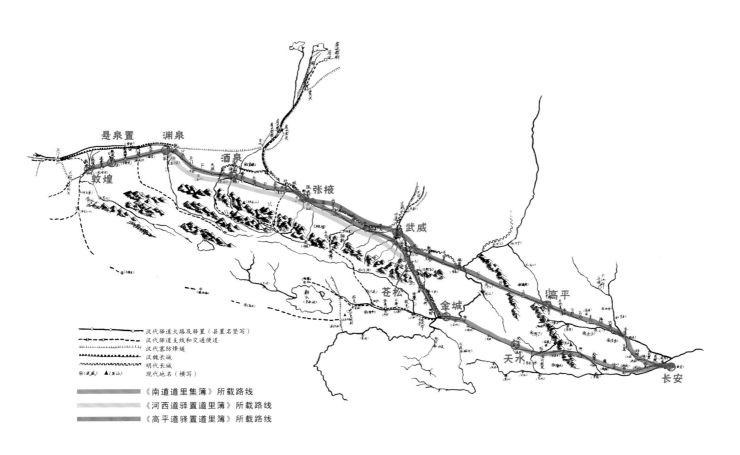

图 2.9a　汉道里簿所见自长安到敦煌路线图

2.10 彩绢

汉代　绢
长 13 厘米，宽 8.5 厘米　　　长 19.5 厘米，宽 4.5 厘米
长 17 厘米，宽 7.5 厘米　　　长 14.5 厘米，宽 12 厘米
长 10 厘米，宽 7 厘米
甘肃敦煌悬泉置遗址出土
甘肃简牍博物馆藏（90DXT0112 ③ :71、91DXF2 ① :47、92DXT1116 ① :18、92DXT1311 ④ :52、92DXT1812 ② :112）

彩绢一组共计 5 件，均为残片，经密为 60 ～ 80 根 / 厘米，纬密为 25 ～ 40 根 / 厘米。其中 2 件呈蓝色，1 件呈红色，1 件呈黄色，1 件呈本色。染料分析结果表明，蓝色来自靛青，红色可能来自红花，黄色来自黄檗。

其中比较有趣的是黄色绢的染料检测。通过比对其在不同波长光照下的颜色变化，发现该织物的染料中含有小檗碱。小檗碱是天然黄色染料黄檗（*Phellodendron spp.*）的主要色素成分，在紫外线照射下往往会呈现出绿色的荧光，这一典型的特征有助于快速鉴别黄檗染料。黄檗染丝绸极易上染，从汉晋织物到明清服饰中均发现有小檗碱及其衍生物 [1]，但是黄檗的光照色牢度较差，短时间的光照即导致颜色变深，所以出土的黄檗染色织物往往呈现土黄色。除了染色丝绸，黄檗另外的功用是染潢，也就是为了防蠹用黄檗染纸 [2]，相关的记载曾出现于《齐民要术》中，而实物案例则是著名的敦煌藏经洞中发现的《金刚经》。（刘剑）

[1] Liu Jian, et al., 2013, 40, pp. 4444-4449.

[2] P. J. Gibbs, et al., 1997, 69, pp. 1965-1969.

2.11　漆纱

汉代　纱　髹漆
长 23 厘米，宽 1 厘米　　长 10 厘米，宽 1.5 厘米
长 18 厘米，宽 5 厘米　　长 13.5 厘米，宽 1 厘米
甘肃敦煌悬泉置遗址出土
甘肃简牍博物馆藏（ 90DXT0114 ② :228、92DXT1311 ③ :172、92DXT1813 ② :62、90DXT215 ① :31 ）

　　漆纱一组 4 件，出土于悬泉置遗址。其中 3 件为宽窄不一的组带，为编织后髹漆而成；1 件为漆纱，系平纹绢髹漆而成。具体用途不详，但从其形制和同类编织物的使用情况看，当为服饰器物的系带和残片。

　　编织是原始纺织品构成的方法之一，编织技术最初大概是从编结捕捉鱼和鸟兽的网罟发展到编制筐席，再由编制筐席发展到编织织物的。[1] 随着时代发展，编织技术得以细分与提升，出现了斜编、绞编、环编、绕编等技法，同时斜编与绞编相结合出现了斜向绞编。斜向绞编较早发现于江西靖安水口乡李洲坳东周大墓，时间约为春秋中晚期，其特点是丝线斜向排布，两个系统的丝线之间按一定角度交叉，并互相进行开合包夹和绞转编织。[2] 但这种编织技法的广泛应用是在汉代，汉墓中出土的冠缨组带采用的都是此类编织结构，悬泉置遗址出土的 3 件组带亦为此类。

　　中国是世界上最早使用天然生漆的国家，较早的髹漆纺织品为春秋后期河南光山黄国墓和山

东临淄郎家庄东周殉人墓出土的髹漆编织履残片。[3] 至汉，文职戴进贤冠，武职戴武弁[4]，冠弁髹以黑漆是汉代通常的做法，湖南长沙马王堆 3 号西汉墓出土过完整的漆缅纱弁[5]，甘肃嘉峪关丁家闸 5 号壁画墓出土了漆纱残片[6]，6 号壁画墓描绘有进贤冠的图像（图 2.11a）[7]，都是明证。

髹漆纺织品具有一系列优异性能，大多用作冠、带、履等成型产品——化柔软为硬挺，用作冠履便于成型；化娇弱为坚牢，用作鞋履耐磨持久；化原色为棕黑色，最能符合周制中对冠帽的色彩期望；化亲水为拒水，冠履可适度防水防雨。今在悬泉置遗址发现的大量漆纱，不仅说明髹漆技术和髹漆纺织品顺着丝绸之路自东向西传播，同时也说明随着汉武帝凿空丝路营建官驿，汉制冠服制度也延伸至此。（周旸）

图 2.11a 丁家闸壁画中的进贤冠

[1] 赵丰，1990，第 25—27 页。
[2] 赵丰、樊昌生、钱小萍、吴顺清，2012，第 99—104 页。
[3] 山东省博物馆，1977，第 73—101 页。
[4] 孙机，2001，第 161—183 页。
[5] 湖南省博物馆，2003，第 77 页。
[6] 甘肃省文物队、甘肃省博物馆、嘉峪关市文物管理所，1985，图版一〇（X）。
[7] 张宝玺，2001，第 316 页。

2.12 织锦残片

汉代　平纹经锦
长 21.5 厘米，宽 14 厘米
甘肃敦煌悬泉置遗址出土
甘肃简牍博物馆藏（92DXT1712 ② :86）

织锦应为平纹经锦，经纬密度 160×35 根 / 厘米。残损较甚，残存部分略呈长方形。织锦以蓝色为地，显褐色花，白色勾边，纹样略近于菱格云纹。织锦一端尚存幅边。（周旸）

2.13　菱格几何纹锦残片

汉代　平纹经锦
长 19.5 厘米，宽 15.5 厘米
甘肃敦煌悬泉置遗址出土
甘肃简牍博物馆藏

　　残片由 1 块织锦和 2 块不同的绢拼缝而成，残损较甚。其中织锦的经纬密度为 130×40 根 / 厘米，两种绢疏密有所不同，较疏者经纬密度为 65×35 根 / 厘米，较密者为 90×45 根 / 厘米。织锦与绢拼缝的一端存有幅边，织锦上存有缝线。间缝缀有蓝色绢片，其外覆以米黄色绢，并存有较为凌乱的缝线。

　　织锦为平纹经锦，以深青为地，显黄色花，织出互相连续的菱格纹，菱格纹内饰以几何纹样（图 2.13a），纹样元素为穿璧和对羊，斯坦因曾在楼兰遗址中发现同类纹样的织物。[1] 采用微型光纤光谱仪对织锦进行原位无损的染料分析，可知地部的深青色为靛青染成，而花部的黄色中检出单宁成分。（周旸）

图 2.13a　纹样复原图

[1] Aural Stein, 1928, p. XLIII.

2.14 蓝地立鸟云纹锦

汉代　平纹经锦
长 38 厘米，宽 3 厘米
甘肃敦煌马圈湾烽燧遗址出土
甘肃简牍博物馆藏（79DMT12:118）

　　织锦已残，残存部分呈长条形。此锦曾被用作某些装饰，较平直的一端可见疏密有致的钉线，丝线散乱的一端也可见明显的缝线。经纬密度为 112×26 根／厘米，组织结构为平纹经锦，以深蓝为地，显黄、绿二色花，织出云气纹，云气之间每行交错排列，每一云气呈左右对称状。纹样总体模拟博山炉，云纹象征炉中升腾的烟气，填充的立鸟形象似为象征长生的仙鹤（图 2.14a）。汉晋时期，社会上流行升仙思想，以致生活日用品往往以各种云气作为装饰。

　　对织锦的蓝色和绿色部位进行染料分析，可知深蓝色地部为靛青染成，绿色花部则来自靛青与另一种黄色染料的套染。尽管天然染料的品种繁多，但是真正常用的染料也就十几种，因此，为了满足人们对丰富色彩的向往与需求，古代染匠采用套染的方法来获得成百上千种颜色。一般认为，天然绿色染料极为稀少，所以历史上的绿色几乎都是由黄色染料和靛青套染得到的。（周旸、刘剑）

图 2.14a　纹样复原图

2.15　丝带和帛鱼

汉代　绢
丝带：长 14 厘米，宽 4 厘米　　帛鱼：长 8 厘米，宽 4 厘米
甘肃敦煌马圈湾烽燧遗址出土
甘肃简牍博物馆藏（79DMT12:123）

　　丝带由一粗一细的两条织物搓捻而成，略呈绿色，制作粗疏。丝带结系后垂余的部分，未加搓捻或虽经搓捻但已散乱。

　　帛鱼主要由三部分组成，包括团状米黄色帛鱼主体、红色尖饰和红色三角形饰，红色三角形饰和帛鱼主体之间以缝线缝缀。其中的红色、绿色和米黄色织物，均为平纹绢，经纬密度分别是 130×60 根 / 厘米、140×70 根 / 厘米和 80×45 根 / 厘米。采用微型光纤光谱仪对织物中的红色、绿色和米黄色等部位进行原位无损的染料分析，可知红色为茜草染成，绿色同样来自靛青与另一种黄色染料的套染。

　　关于帛鱼的用途至今尚无定论，可以从新疆地区汉晋时期的考古发现中寻找线索。1995 年尼雅遗址 1 号墓地的 3 号墓和 8 号墓出土了两件保存完好的帛鱼，前者造型极为形象生动，富有动感，用来装一些小物件，应为女性随身用品之一；后者连有一锦袋，内装有铜镜、胭脂和线团、绢卷、木质线轴等妇女用品。据此推测，在汉晋时期的西北地区，帛鱼应为女性随身用品。至唐，鱼袋的佩带与颁赐成为官员品阶等级的象征，与之适应的鱼袋制度逐渐形成，这或与汉晋时期的帛鱼使用有所关联。（周旸）

2.16 帛书

汉代　绞缬
长 43.4 厘米，宽 1.8 厘米
甘肃敦煌马圈湾烽燧遗址出土
甘肃简牍博物馆藏（79DMT12:67）

帛书呈长条形，为裁制衣服时留下的剪边，出土时与草渣、木简、丝织残片及沙砾混杂在一起。帛书题有墨书之处为本色，两侧及下端则染为红色。所题墨书写于本色部位的中间偏左部位，墨书一行，录文如下：

尹逢深，中䚡左长传一，帛一匹，四百卅乙朱币。十月丁酉，亭长延寿，都吏稚，钤。

尹逢深，人名。中䚡，或即䚡山（今位于河南省西部）。传，信也，如后世之过所。朱，铢的通假。币即市字。亭长，此为市亭之长。都吏，泛指专司某职的官吏，此处当指主管市场的官吏。此帛书为研究汉代市贸制度、绢帛价格和边塞的绢帛来源等问题提供了重要的实物资料。[1]（徐文跃）

[1] 甘肃省文物考古研究所，1991，第51—97 页。

2.17　冥衣

汉代　绢
衣残长 5.5 厘米，领残长 11 厘米，领宽 0.8 厘米，通袖长 11 厘米
甘肃敦煌马圈湾烽燧遗址出土
甘肃简牍博物馆藏（79DMT7:18）

冥衣残损，作交领式，左袖缺失，自腰部断裂，无下摆。衣身单层无衬里，由红色绢制成，经密 70 根 / 厘米，纬密 35 根 / 厘米。领部及袖缘采用蓝色绢，经纬密度与红色绢相近。染料分析结果表明，红色为茜草染成，蓝色还是来自靛青。在马圈湾烽燧遗址共出土两件此种冥衣，另一件款式与此相近，袖略长，衣身为米黄色，袖及领为红色，袖缘为蓝色，同样在腰部以下缺失。[1]

根据河西出土的汉晋时期服装的形制可推断，此件冥衣极有可能是腰部以下加缝一段下摆的短袖襦（图 2.17a）。此类冥衣是中国古代丧葬礼仪及风俗的产物，其体量很小，虽是专为陪葬所做的冥服，但其样式应是对实物的模仿，一定程度上反映了当时的服装式样。在楼兰古墓群 MB2 曾出土一件绢质冥衣，宽衣长袖，是仿制成人衣服制作的冥衣。[2] 营盘 15 号墓也出土过一件淡黄色绢衣袍和黄褐色绢衣襦，不仅服装保存最为完整，入葬方式也最为明确。在胸前及左手各置一件绢质冥衣，以象征备足四季之衣服，供死者在另外一个世界享用。[3] 从楼兰及营盘墓地所保存较为完整的信息推测，马圈湾遗址所出土的小型服装亦应为冥衣类随葬品。（周旸）

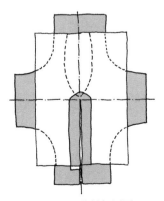

图 2.17a　形制复原图

[1] 甘肃省博物馆、敦煌县文化馆，1981，第 4 页。
[2] 新疆楼兰考古队，1998，第 23—39 页。
[3] 于志勇、覃大海，2006，第 63—83 页。

2.18　杂色绢

汉代　绢
长 16.5 厘米，宽 4.7 厘米　　长 7.5 厘米，宽 2.5 厘米
长 9.6 厘米，宽 4.7 厘米　　长 27 厘米，宽 15 厘米
长 32 厘米，宽 16 厘米　　长 13.5 厘米，宽 2 厘米
甘肃敦煌马圈湾烽燧遗址出土
甘肃简牍博物馆藏（79DMT12:87、79DMT12:93、79DMT12:92、79DMT12:86、79DMT12:85、
79DMT12:90）

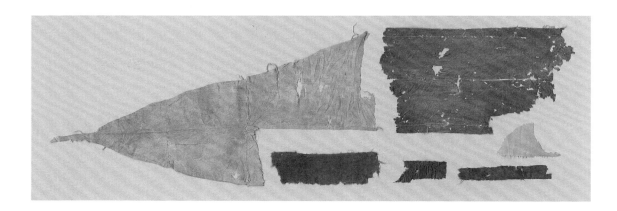

　　蓝色绢根据颜色深浅可以分为蓝色、宝蓝和月白。通过微型光纤光谱检测发现这三件蓝色绢
织物上均含有靛蓝，说明由靛青染料染色。[1] 能够生产靛青的植物有许多种，包括十字花科的菘蓝
（*Isatis tinctoria*）、爵床科的马蓝（*Strobilanthes cusia*）、蓼科的蓼蓝（*Polygonum tinctorium*）、豆科
的木蓝（*Indigofera tinctoria*）等 [2]，在丝绸之路沿线菘蓝和蓼蓝则更为常见。靛青是瓮染染料，该
组蓝色绢片的颜色不同是由白坯浸染的时间和次数不同决定的。靛青染料色牢度极佳，即使埋藏
于地下几千年也不会褪色。

　　红色绢残片边缘存在一行缝线，说明该残片可能来自于衣服。经过检测发现红色染料取自西
茜草（*Rubia tinctorum*）——一种仅产于新疆地区的茜草科植物。[3] 无论是新疆小河墓地出土的公
元前 2000 年左右的毛织物，还是唐代青海地区出土的粟特锦都发现了该种红色染料 [4]，因此可以
推测西茜草一直是西北地区重要的植物染料。

　　黄色绢残片上呈现多处缝线，应该来自于服饰的一部分，可能为内衬。经过检测，未发现有
明显的染料遗存，说明残片的黄色可能是蚕丝遭受环境影响发生了劣化。

　　在丝绸之路沿线出土的纺织品中黑色和棕色的织物并不多见，而且毛织物的深色很可能来自
于羊毛本身的颜色。但该组织物中的棕色绢片显然由黑色染料染色，在西北地区常见的黑色染料
是胡桃，而东南地区出产的黑色染料则为五倍子或皂斗。[5]（刘剑）

[1] 刘剑、陈克、周旸、赵丰、彭志勤、胡智文，2014，第 85—88 页。

[2] 刘剑、王业宏、郭丹华，2009，第 42—43 页。

[3] 赵翰生，2013，第 227—238 页。

[4] Liu Jian and Zhao Feng, 2015, pp. 113-119.

[5] 陈维稷，1984，第 262—264 页。

2.19 毛纱

汉代　绢　二经绞暗花毛纱
长 24 厘米，宽 13 厘米
甘肃敦煌马圈湾烽燧遗址出土
甘肃简牍博物馆藏（79.D.D.H.T10:24）

　　织物残片，由一块深蓝色平纹绢和一块浅棕色毛纱缝制而成。毛纱部分经纬线均为 Z 捻，经向长 7.5 厘米，纬向长 24 厘米。地组织为平纹，花部为两根经线相互绞转并每一纬绞转一次的二经绞组织。图案单元为矩形，呈散点排列，每个单元包括 3 根纬线、10 对经线。

　　汉代的毛纱织物并不是很多，新疆扎滚鲁克出土过一件有类似绞纱组织的黄色毛织物。[1] 其基本组织是平纹地上以二经绞显花的暗花纱，绞纱部分图案也很简单，为条纹和散点。织物局部有缂织纹样，缂织部分约 3 厘米宽，平纹地上用红、黄、白、蓝等色纬线缂织出二方连续的方格纹和阶梯式山纹。山普拉也出土过几件平纹地上以二经绞显花的毛织物，如原白色毛纱上衣残片（84LS I M01:164）和原白色毛纱衣角（92LS II M6:cP）。[2]

　　在中国古代，相对于毛织物，丝织物上采用二经绞组织更为常见，但其出现年代晚了很多，而绞纱组织和平纹组织互为花地的暗花丝织物的出现更要晚到晚唐和五代时期。[3] 织造二经绞丝织物时需要在织机上增加绞综，但已知的汉代织机并未发现绞综。从新疆发现的二经绞和缂毛同时出现在一块织物上的情况推测，当时织造二经绞组织并未使用绞综，而是用手工挑花。（王乐）

[1] 赵丰，2008b，第 12—13 页。
[2] 原考古报告中使用的织物名称是毛罗，但从其平纹地上二经绞的结构来看，命名为毛纱更为合适。新疆维吾尔自治区博物馆、新疆文物考古研究所，2001，第 181—182 页。
[3] 敦煌藏经洞中发现过一批平纹地上以二经绞显花的暗花纱，年代为晚唐至五代。赵丰，2007，第 180—183 页。

2.20 湖绿色四经绞横罗

汉代　四经绞横罗
长约 20.5 厘米，宽 18.5 厘米
甘肃敦煌马圈湾烽燧遗址出土
甘肃简牍博物馆藏（79DMT12:062）

四经绞罗早在商代已经出现，到战国时出现四经绞提花罗，汉唐时十分流行。但这件四经绞横罗却很是难得一见。其经纬纤度极细，经丝密度为 61 根 / 厘米，纬丝密度为 40 根 / 厘米，尽管密度不小，但仍见孔疏目朗，经纬丝均无捻。其组织结构的特殊之处是在传统的四经绞罗中多织了二梭平纹，形成三梭横罗的横向条纹状效果，十分轻薄柔美。同时，这件罗织物呈现较浅的蓝色，近湖色，经检测为靛青染料。

横罗的出现或许是受了毛纱的影响。在新疆民丰尼雅遗址出土织物中出现了三梭平纹的毛纱 [1]，这类织物在后世就可称为横罗。在甘肃花海毕家滩 26 号墓出土的刺绣裲裆（cat. 2.32）上，用的也是四经绞横罗，说明了这类罗织物在西北地区的流行一时，或许正与毛织纱的影响有关。（赵丰）

[1] 贾应逸，1980，第 78—82 页。

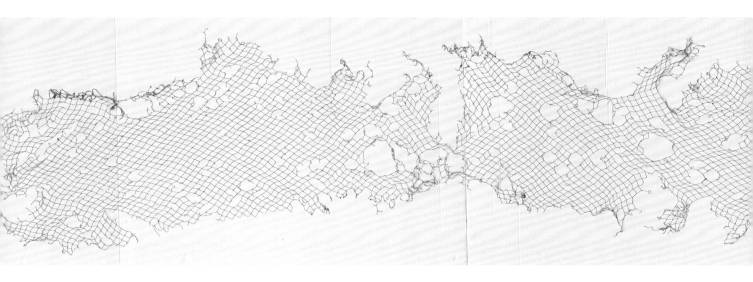

2.21 渔网

汉代　丝　棉
长 500 厘米，残宽 80 厘米
甘肃金塔肩水金关遗址出土
甘肃简牍博物馆藏（73EJT21:010）

　　该渔网出土于甘肃省酒泉金塔县肩水金关遗址。金关出土的实物很多，有货币、竹木漆器、铁具、粮食等，也有大量丝、毛、革制成的衣物、鞋、帽，另有网坠、织网梭及渔网。[1]

　　该网姜黄色，每个网格的菱形边长约 1.5 厘米。经纤维红外检测，网格主体材质为丝，由两根丝线加捻后扭绞编织形成网状，线粗 0.05 厘米，表面光滑。从该遗址出土的其他文物推测，渔网在制作时，可能是使用织网梭从左往右依次进行环编的。宽度方向的两侧边缘部分为较粗的加捻棉线，使用同种方式编织，线粗 0.2 厘米，较粗糙。我们虽然无法确定文物的原始尺寸，但从宽度方向的棉线编织物残留推测，文物原始宽度可能为 80 厘米，其中丝线编织部分宽度约为 75 厘米。

　　网捕是一种高效率的捕鱼方式。新石器时代的遗址中曾有较多数量的陶网坠和石网坠出土。《易·系辞》中有文："古者包牺（伏羲）氏之王天下也""作结绳而为网罟，以佃以渔"。说明我们的祖先早就已经掌握了以网捕鱼的技术。另外，同出于甘肃省酒泉金塔县肩水金关遗址的《侯粟君所责寇恩事》中提及"凡为谷百石，皆予粟君，以当载鱼就直。时粟君借恩为就，载鱼五千头到觻得，贾直牛一头、谷廿七石"[2]，则说明在当时的居延地区就已经开始捕鱼并且有了这方面的商品兑换。同地出土的渔网不止一件。（杨汝林）

[1] 甘肃居延考古队，1978，第 1—14 页。
[2] 傅兴地，2009，第 6—9 页。

2.22 锦缘绢绣草编盒

汉代　平纹经锦　绢地刺绣
盒：长 33 厘米，宽 18.5 厘米，高 17.5 厘米　盖：长 33.5 厘米，宽 19 厘米，高 18.5 厘米
甘肃武威磨咀子汉墓出土
甘肃省博物馆藏（2489）

锦缘绢绣草编盒出自武威磨咀子 22 号夫妇合葬墓，含底和盖两部分，出土时位于棺盖之上，内盛木锭、绕板、铜针筒、针、玉饰、刺绣品等 10 件，应为当时实用器具。[1] 武威即汉代武威郡，乃当时姑臧县治，位居河西走廊咽喉。磨咀子位于武威县南祁连山下的杂木河西岸，从 1957 年开始，曾进行过几次发掘。墓葬数量众多，从出土的文物可证此处主要为汉代墓葬。在此展出的 2 件绦带、1 件木线轴、1 件绕线板和 1 件贴金罗均出自该盒，不仅真实反映其功能和使用情况，而且在一定程度上映射出"列四郡据两关"以来，河西重镇武威处于丝绸之路中西交通孔道，其纺织技术和纺织文化体现出多样性。具有典型中原技术特点的绦带与符合河西民众审美取向的贴金罗同时出现即是明证。

盒

盒呈长方体，以苇编作胎，外包丝织物。其四个侧面中心部位为长方形绢地刺绣，长边部分为 23 厘米×9 厘米，短边部分为 7.5 厘米×9 厘米。盒体上边缘及各转角处以平纹经锦镶边，边宽 4.5 厘米，但纵向转角处并无接缝，在侧面以 45° 接缝。盒盖与盒底所用材料相同，侧面包覆织物的缝制工艺亦相同。只是顶盖上方拱起，为四棱台状。盒盖同样以红绢地刺绣为中心，四周镶锦边。绢为红色，上以锁绣形成云状纹，刺绣的绣线为蓝、绿、白三色，线型纤细，绣技精良，但蓝色绣线脱落较多（图 2.22a）。在我国湖南长沙马王堆一号汉墓印花敷彩纱、蒙古诺因乌拉出土的刺绣以及我国新疆出土的一些织锦上都有类似花纹的出现，可见汉代刺绣、织锦、印花诸工艺占有主流地位，特别是在刺绣方面更为突出。[2] 锦为黄地，显白色带钩纹样（图 2.22b）。此纹样又称"铜炉纹"，铜炉作正向和倒向交错排列，正向的用平涂法处理，倒向的用单线勾勒，形成了虚实两个层次。[3] 草编盒内部仍裱有绢里，上边沿与黄色锦绣相连。但绢衬已糟朽过甚，缺失较多。（王淑娟）

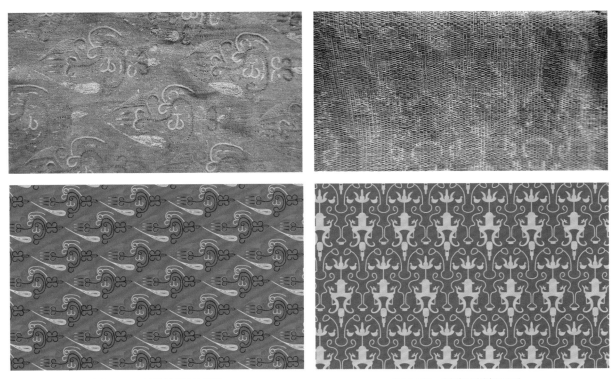

图 2.22a 刺绣纹样复原图　　　　　　　　　　图 2.22b 织锦纹样复原图

绦带

绦带均采用双层斜编组织,制作精良,配色雅致,图案细腻。其中花卉几何纹绦稍宽,丝线呈蓝色、褐色、红色和黄色,纹样略显繁复,在菱形和三角形区域内填充花卉纹样(图 2.22c);几何纹绦稍窄,丝线为黄色、褐色、蓝色和绿色,纹样为简单的三角纹和横带纹(图 2.22d)。斜编是非常原始而广泛使用的编织技法,浙江吴兴钱山漾遗址出土的丝带即采用最简单的平纹斜编。[4] 战国时期,双层斜编织物开始在楚地流行,湖北江陵马山一号楚墓出土了十余件图案简单的双层斜编组带[5],湖南长沙马王堆一号汉墓也出土过多种双层斜编织物,其中最著名的就是"千金绦"[6]。汉晋时期,双层斜编织物开始出现在新疆地区,本次展览中出土于尼雅 1 号墓地 3 号墓的红蓝色菱格纹丝头巾(cat. 3.6)是目前发现体量最大的一件,以简单的红蓝两色营造出极具设计感的方格交错效果。[7] 由于双层斜编过于复杂,汉代以后逐渐淡出,取而代之的是丝线色彩的变换,以简单结构即可获得华丽效果。双向斜编独具中原特点,随着丝绸之路的开通,斜编技法或斜编织物随之传至沿途地区。可以推测,随着传播交流的深入,远离中原的西域逐渐深谙双层斜编显花原理和精巧的编织技术,改丝为毛,改编织为织造,启蒙产生了独特的双层毛罽组织,如营盘 15 号墓出土的红地对人兽树纹罽袍。[8](周旸)

图 2.22c 花卉几何纹绦及纹样复原图   图 2.22d 几何纹绦及纹样复原图

木线轴、绕线板

木线轴上有 5 个绕线槽，最下方的槽中残存深褐色缠线，已经非常糟朽。与同时出土的编织绦带结合起来看，这应是编织时缠绕不同颜色丝线的工具。这种木线轴在西北地区有较长时期的使用，例如尼雅遗址出土的木线轴大多缠绕不同颜色的毛线，有时会插有铁针[9]，在黑水城遗址发现的木线轴有 7 个线槽，显得颇为精巧[10]。盒内同时出土的绕线板也应具有类似功能，其上缠绕的红色丝线，色彩和光泽保存相对完好，呈弱捻，充分体现长丝纤维的蓬松质感。（周旸）

贴金罗

贴金罗呈长方形，以四经绞菱纹罗对折，四周缝合，只在一面贴金，用途不明。印金工艺主要有泥金、洒金、贴金等方法。[11] 此次发现的印金罗采用的是贴金，即将黄金捶打成极薄的箔片，剪成长条形、菱形，然后用胶粘剂黏合到菱纹罗表面，形成简单的几何花纹。由于贴金本身不耐摩擦，加之胶粘剂的失效，金箔多有脱落，但是衬以深色的轻薄罗地，花纹显得光耀夺目，不失华美。印金是中国传统工艺，是黄金精细工艺技术发展的产物。从东汉开始到魏晋，考古发现的印金纺织品主要来自于西北地区，这也许是因为在服饰上贴金并不符合中原地区的审美习俗，张澍《蜀典》引魏文帝曹丕《典论》中亦有关于"金薄蜀薄不佳"的记述[12]。20 世纪初，贝格曼曾在小河 6 号墓地发掘到 3 件东汉时期的贴金纺织品，后来瑞典人西尔凡推断"将锤就的金箔粘贴在软质材料上面的技术可能起源于中国"[13]。最重要的发现是 1995 年新疆营盘汉晋墓地 15 号墓出土的男尸，其衬衣领子及衣襟、脚下所穿绢面毡靴上都使用了贴金工艺，其工艺也是先将捶好的金箔剪成不同的形状，有三角形、圆形、正方形、长方形等，再拼贴成一个个图案（cat. 3.12）。[14]（周旸）

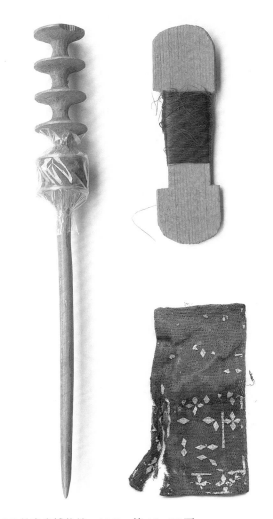

[1] 甘肃省博物馆，1960，第 15—28 页。

[2] 王㭊，2014，第 108—109 页。

[3] 常沙娜，2001，第 47 页。

[4] 徐辉、区秋明、李茂松、张怀珠，1981，第 43—45 页。

[5] 湖北省荆州地区博物馆，1985，第 56 页。

[6] 上海市纺织科学研究院、上海市丝绸工业公司，1980，图版 25—29。

[7] 赵丰、于志勇，2000，第 70 页。

[8] 赵丰，2008b，第 76—93 页。

[9] 赵丰、于志勇，2000，第 46、85 页。

[10] 内蒙古文物考古研究所、阿拉善盟文物工作站，1987，第 1—23 页。

[11] 钱小萍，2005，第 190—191 页。

[12] 沈从文，2011，第 53 页。

[13] 贝格曼，1997，第 140 页。

[14] 李文瑛，2008，第 66 页。

2.23 素纱袋

汉代　平纹纱
高 47 厘米，底宽 18 ～ 19 厘米
甘肃武威磨咀子汉墓出土
甘肃省博物馆藏（14937）

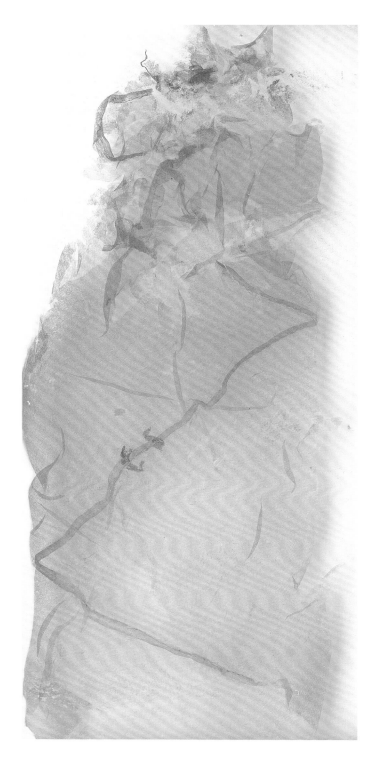

　　此素纱袋 1972 年发掘于武威磨咀子 54 号墓。从外观可看出素纱为两层叠加，似为一长方形织物旋转缝合而成的囊袋，并可见拼缝的一侧为织物的幅边。纱为素色，质地轻薄，平纹组织，织物密度稀疏，经密 70 根 / 厘米，纬密 36 根 / 厘米。

　　同年发掘的 48 号墓也曾出土过一块相近的素纱纺织品（标本号为 19 号），"为粮囊，置棺盖上"[1]。发掘报告中对粮囊文字的描述与本件纺织品在尺寸、织物组织结构、颜色上都极为近似，结合本件素纱的形制推断其很可能亦为粮囊。

　　纱在古时亦写为沙，乃是取其孔稀疏能漏沙之意。平纱组织通常为一上一下的平纹，透孔率大。此外，还有绞编等制作方法。但其名称汉代有素纱、方孔纱等。[2]（王淑娟）

[1] 甘肃省博物馆，1972，第 19 页。
[2] 赵丰，2005b，第 38 页。

2.24　绢缘印花草编盒

汉代　绢　印花绢
长 42 厘米，宽 25 厘米，高 13.5 厘米
甘肃武威磨咀子汉墓出土
甘肃省博物馆藏（17119）

　　此件草编盒仅存盖部，无底。盖为长方体，顶部拱起，以苇为胎，外覆丝织物。四个侧面覆以印花绢，绢为深紫檀地色，套印黄灰、米黄、白三色涂料花纹。对于此种印花工艺，推断应是用镂空版以毛笔刷涂颜料印成。[1] 王㐨先生曾于 1972 年对此件印花绢采用三色套印的方法做过图案复原。[2]

　　草编盒顶部以长方形印花绢为中心，四周镶棕黄色绢（或为褪色、老化所致），但绢缺损老化较甚，几乎不可辨识。顶部织物下衬垫较细软的碎草。

　　在古代，此类草编盒用于盛装缝纫类工具及一些缝线、绣线等材料，常被称为针黹盒。"针黹"即指缝纫、刺绣等针线工作。[3] 又因其骨架为苇编而成，故又被称为"苇箧"。"箧"指小箱子，藏物之具。（王淑娟）

[1] 郑巨欣，2005，第 103—107 页。
[2] 王㐨，2014，第 239—240 页。
[3] 吴山，2011，第 6 页。

2.25 采桑丝帛画像砖

魏晋　彩绘砖
长 39 厘米，宽 19.5 厘米，厚 4 厘米
采桑图（2038）　　　　　甘肃高台骆驼城南墓群出土
采帛机丝束图（794）　　 甘肃高台许三湾五道梁墓群出土
绢帛图（2029）　　　　　甘肃嘉峪关三号墓出土
晾衣图（747）　　　　　 甘肃高台许三湾东墓群出土
剪布图（2077）　　　　　甘肃高台苦水口 1 号墓出土
开箱图（2060）　　　　　甘肃高台苦水口 1 号墓出土
高台县博物馆藏

两汉、魏晋以来，随着中西文化的交流和经济的发展、宗教的传播等，河西走廊一带极其推崇厚葬。[1]自1944年发现第一座壁画墓开始，河西地区陆陆续续发现了不少壁画墓，主要集中在敦煌、瓜州、嘉峪关、高台、民乐、永昌等地，分布于东起武威西至敦煌的广大区域内。[2]高台县境内截至2008年共发现魏晋时期的壁画墓16座，大部分集中在骆驼城古城墓群和许三湾古城遗址墓群。嘉峪关截至2008年发现的壁画墓共有9座，主要分布在新城墓群。[3]

壁画绘于照墙及墓室墓壁上，在墓壁砌成后绘画。内容大多取自社会现实生活，题材有农桑、牲畜、酿造、出行、宴乐、狩猎、庖厨、兵屯、穹庐、建筑装饰、生活用具等，通俗易懂。其中更是出土了很多丝绸内容的画像砖。这说明当时采桑养蚕、纺纱制丝等工艺已随着河西的进一步开发，被人们普遍掌握。

由于魏晋十六国时期的河西历史史籍记载较少，壁画墓成为认识这一时期河西地区社会生活及文化交流的重要实物资料。丰富的蚕桑丝织生活场景说明当时的河西不仅仅是中西丝绸贸易的运输地，也是丝绸的生产地。

第一砖左右两边各绘一男子单手作采摘状，桑树枝叶茂密。说明魏晋时期蚕桑活动在高台地区较为普遍。

第二砖以白粉施底，砖面上以较粗的红线简略地绘出一张曲腿四足长几，几上方用墨线勾勒出八个圆形涡状图案，其中四个施红，两个施淡墨。画面左下方墨书两行题款"采帛""机"。"采"即"彩"，"机"即"几"，"采帛"即"彩帛"，意为几上放着彩色束帛。[4]画面所表现的是一组不同色彩的丝帛卷放置于长几上的情景。

第三砖左右各绘数卷绢帛，用墨线勾勒，着以红色、淡墨色，以线绑扎竖立。中间画有一高脚盘，上面满置蚕茧。说明当时河西不仅遍植桑树，且缫丝业也有了相当的规模，这就使得"丝绸之路"更加名副其实。

第四砖绘制一长方形晾衣架，上方玄色漆架上晾有长袍等四件衣物，摆放随意。衣架底部似为箱形座，以墨线勾勒出菱形图案，饰以朱色、灰色、白色几何形纹样。砖面两边绘红黑粗线条。

第五砖边缘黑红两色绘屋檐，下绘跪坐二女用手共扯一织物，织物下方置篮奁。左边女子右手持一长剪，似正准备剪布。

第六砖右侧为一女子，跪坐于地，一手打开左侧的箱盖，一手从箱中拿取衣物。箱子表面施墨，上面画有白色的横线，在黑色的部分上画有朱色的图案。箱子展开的高度与坐着的人物高度大致相同，长大约是高的2倍。

此组画像砖图像写实，从采桑养蚕、缫丝织布、与服饰相关的日常生活场景方面反映了当时河西地区蚕桑丝织的兴盛以及丝绸之路在传播与交流蚕桑丝织文化中起到的重要作用。（陆芳芳）

[1] 李金梅，2012，第128页。
[2] 郭永利，2008，第1页。
[3] 郭永利，2008，第4页。
[4] 郭永利，2007，第60—67页。

2.26 彩绘木俑

魏晋　木质彩绘
高 23 厘米，宽 4.4 厘米　高 23 厘米，宽 4.4 厘米
高 23 厘米，宽 4.4 厘米　高 24 厘米，宽 4.4 厘米
彩绘胡人俑（902）　　　甘肃高台骆驼城墓群出土
彩绘胡人女性俑（903）　甘肃高台骆驼城墓群出土
彩绘平民俑（921）　　　甘肃高台骆驼城墓群出土
彩绘男子俑（924）　　　甘肃高台骆驼城东南墓群出土
高台县博物馆藏

骆驼城遗址位于甘肃省高台县城西南 20 千米处的骆驼城乡。史载，骆驼城始建于汉武帝元鼎年间，属表氏县，魏晋因之。东晋咸康元年（335），前凉分置建康郡，后凉因之。沮渠蒙逊迁姑臧后，仍置建康郡。北周时，郡废并入张掖。唐武则天证圣元年（695）置建康军，代宗大历元年（766）陷于吐蕃，城废。

2001 年 6—7 月，考古工作者对高台县骆驼城遗址及墓葬区进行了清理发掘。古城址周围砾石戈壁滩中分布有四大墓群，即土墩墓群、骆驼城南墓群、五座窑墓群、黄家皮代墓群，共计墓葬3000 余座，是魏晋及十六国时期甘肃河西地区较为重要的墓葬，对于研究河西地区魏晋及十六国的历史、经济、军事、民族关系等都具有重要的意义。[1]

此次展览展出的四件彩绘木俑出土于甘肃高台骆驼城墓群及骆驼城东南墓群，雕工拙朴粗犷，是研究河西地区胡汉民族交往与融合、服饰文化交流等的重要实物资料。

胡人俑高眉广目，着对襟朱玄二色细横条纹长袍，长带束腰，拱手直立。

胡人女性俑绾双螺髻，上着朱色宽条纹对襟衫，下着朱玄二色间色裙，双颊涂有胭脂，表情祥和喜庆。

平民俑上身着右衽褶衣，束腰，下身着长裤。从残留的白色来看，也符合当时白色为平民服色的规定。

男子俑头束纶巾，着青灰右衽长衫，长带腰束。（陆芳芳）

[1] 甘肃省文物考古研究所、高台县博物馆，2003，第 44—51 页。

2.27 "好长相保"织锦

魏晋 平纹经锦 绢
高 35 厘米，宽 33 厘米
甘肃高台骆驼城东南墓群出土
高台县博物馆藏（1075）

此件织锦出土于骆驼城东南墓群。

此件纺织品下端残缺，形似裲裆的胸前或背后部分。中心为绛地织锦，下端与一条红色绢相连，四周镶本色绢边。锦面为边长 22.5 厘米的正方形，本色绢边宽 6 厘米，红色绢长 25 厘米，宽4.2 厘米。

中心织锦为平纹经锦，经线为绛色、蓝色与白色，纬线为绛色。其上以蓝白两色显花，图案为纵向排列的动物与花卉纹样，从右至左依次织有"好、长、相、保"的字样（图 2.27a）。经锦与绢接缝左侧破裂处可见锦织物的幅边，右侧无幅边。根据当时经锦的织造幅宽一般为 50 厘米左右来看，推测原织物右边应还有另外的文字。

此类织有文字的锦在新疆楼兰 – 尼雅地区出土较多，研究可知，文字织锦出现于西汉晚期，主要流行于东汉中后期至魏晋时期。所织文字有吉祥用语、政治术语、弘扬儒教教化及其社会文化价值等思想理念的文字内容、胡语双语文字等。[1] 本块织锦中的文字虽并不完整，但"长相保"三字用意清晰，与楼兰等地出土的"延年益寿长葆子孙"锦等相似，表示一种对健康幸福、吉祥安乐、子嗣生息等美好愿望的祈求。但"好"字未见于以前的丝织品中，却于铜镜铭文中有

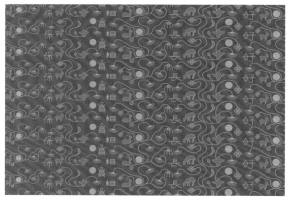

图 2.27a　纹样复原图

"大乐贵富得所好"[2]"寿如金石佳且好"[3]"青盖作竟佳且好，子孙番昌长相保，男封太君女王妇，寿如金石，大吉"[4] 等字出现，与此锦之文字极为相近。照此推断，则该织锦上完整的字有可能是"乐贵富、佳且好、长相保"或"乐贵富、得所好、长相保"等。（王淑娟）

[1] 于志勇，2003，第 43 页。

[2] 王士伦，2006，第 46 页。

[3] 王士伦，2006，第 48 页。

[4] 王士伦，2006，第 50 页。

2.28　云纹刺绣

魏晋　绢地刺绣
长 40 厘米，宽 5 厘米　　长 35.5 厘米，宽 32.5 厘米
甘肃高台骆驼城南华墓群出土
高台县博物馆藏（2432）

此件纺织品出土于南华墓群，该墓群位于甘肃省张掖市高台县城南的南华镇。

刺绣残存两片，其中较大一片左下角为直角，应为裁剪所得，并可见下边缘有少量残留的缝线；另一片为缝制而成的长方形条带。显然，两块残片当为服饰的残件，而且从其形状推测，有可能是裲裆的主体与背带部分。

两块残片织物相同，均为绯色绢地刺绣。其图案与本展览中绯绣袴片（cat. 2.29）的云纹相似，用蓝、绿、白等丝线以锁绣的方式而得。此种风格的云纹在出土的汉晋织物中较为常见，可见是当时服饰上较为流行的一种题材。（王淑娟）

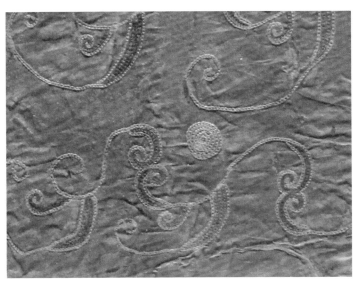

2.29 绯绣袴片

前秦　绢地刺绣
长 60 厘米，宽 42 厘米
甘肃花海毕家滩墓地出土
甘肃省文物考古研究所藏

图 2.29a　纹样复原图

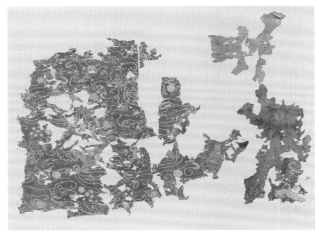

毕家滩墓地位于甘肃省玉门市东北的沙漠戈壁中。墓地出土的遗物有木器、陶器、铜器及丝织品，数量较少。其中重要发现有衣物疏及丝织品。衣物疏共发现有九件，出土时皆揣于墓主胸前，置于衣襟之中。如此集中出土的衣物疏，在甘肃地区尚属首次。衣物疏的纪年最早的为建元十六年（358），最晚的为麟嘉十五年（403），据此可初步判断这批墓葬的年代在 4 世纪下半叶的前凉、后凉时期。

对于丝绸而言，墓地之中最为重要的是 26 号墓。墓中出土女尸一具及丝绸服饰若干，墓中且有随葬衣物疏伴出。据其衣物疏，墓主人为大女孙狗女，死于升平十四年（370）。大女为秦汉以来户籍登记中的习见之词，即指 15 岁以上的成年女子。对照随葬的衣物疏，这批服饰可归为九件。包括绯罗绣裲裆一领、绿襦一领、绀缣被一牒、紫绣襦一领、碧裤一立、绯绣袴一立、绀青头衣一枚、绯碧裙一牒、练衫一领。[1]

双头鸟绣片为绯绣袴的袴筒之一。此袴残存有三片，其中以湖蓝色为主色调的残片为袴腰及袴片部分；另外两大片均为绯绣残片，其缘边有些许蓝绢残留，可证其曾与蓝绢相连。出土时，绣片覆于死者腿部，推测为袴筒，其中一片保存尚好。

汉刘熙《释名·释衣服》："袴，跨也，两股各跨别也。"就是有两个腿筒，各套于两腿之上，称为袴。汉代以后，下衣的种类增多，首先是将袴身接长，上达于一腰，两股之间各生出一片裆，一般情况下当时的裆都不缝合，也就是今天所谓的"开裆裤"。

绯绣片以绯色绢为地，红、黄、蓝、白各色丝线锁绣而成。两只袴腿的刺绣图案可以局部复原。原绣中间应该是一只双头鸟，旁边是云纹和类似于火焰的纹样（图 2.29a）。

类似的纹样在汉代十分流行。早到西汉时期我国连云港尹湾汉墓出土的缯绣、蒙古诺因乌拉出土的汉代刺绣，晚到我国新疆若羌扎滚鲁克汉晋时期墓地和吐鲁番魏晋时期墓地出土的刺绣，都有类似的纹样。双头鸟在汉代神话中又称共命鸟，可能是表示夫妻相依为命的意思。其余的火焰纹或云气纹都是汉代十分流行的题材。（赵丰、王淑娟、万芳）

[1] 赵丰、王辉、万芳，2008，第 94 页。

2.30 绯碧裙

前秦 绢
腰围 84 厘米，裙长约 70 厘米
甘肃花海毕家滩墓地出土
甘肃省文物考古研究所藏

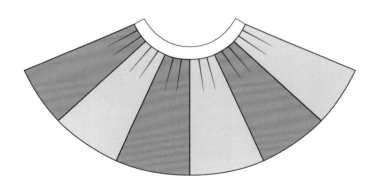

图 2.30a 形制复原图

此裙修复前仅残存一片，含部分裙腰和裙身。裙腰残长 40 厘米，高 7.5 厘米。裙身残长 61 厘米，分作三片，两片碧绢中间夹一片绯绢。绯绢及碧绢上可见均匀分布两条竖褶，褶量较大，每褶宽为 3 厘米，每片绢打褶后的宽度为 14 厘米。据残存迹象及尺寸，推测此裙很可能为两色、六片间裙。按此推测复原，可得裙腰围为 84 厘米左右。穿着时围而系之，于背侧处可以略有交叠（图 2.30a）。

此种裙式在同期甘肃酒泉丁家闸魏晋墓壁画中有所印证（图 2.30b）。壁画上画有两个舞女，都穿着同样的间色裙，系在上襦之外。正面而舞的一位舞女裙前面可

图 2.30b　丁家闸壁画上的舞女形象

以看到其由三片基本等宽的织物缝合，中间一片是红色，两侧是本色（或是黄色）。背向的一位舞女裙后面也可以看到三片缝合，并有重叠现象，其色彩已褪，但也应为间色裙。[1] 由此来看，这种裙以四至六片缝合的可能性为大。《古诗为焦仲卿妻作》中提到“著我绣夹裙，事事四五通”，唐代诗歌中也说到“裙拖六幅湘江水”，此裙应是唐代文献中提到的六破裙或八破裙。[2]

碧是浅蓝色，或是天蓝，确实如碧；绯是一种非常鲜艳的红色，当时记载凉州之绯用红花染成，天下闻名，号称“凉州绯色天下之最”。通过微型光纤光谱对染料进行无损分析可知，蓝色为靛青所染，绯色为茜草染色所得。本展览中甘肃花海及骆驼城出土的几件服饰基本采用染色茜草获得红色，靛青获得蓝色，可见这两种植物染料在当时使用量极大。（王淑娟、赵丰）

[1] 张宝玺，2001，第 318 页。
[2] 赵丰、王辉、万芳，2008，第 104 页。

2.31　碧裈

前秦　平纹纬锦　绢
高 43 厘米，宽 34 厘米
甘肃花海毕家滩墓地出土
甘肃省文物考古研究所藏

裈穿在最内层，为内裤。此碧裈由两部分构成，一为长条状腰带，残长 34 厘米，高 3 厘米，以宽约 6 ～ 8 厘米素绢对折而成双层。一为长方形裤片（底部残），制为两层，内夹棉，绢作背，表层为碧绢与红色织锦拼接而成，两侧有 1 厘米素绢镶边，上端夹缝于双层腰带间。腰带右端有密集折痕，应为系结所致。下部的织锦应回折到后面，并再连上碧绢，但其长度已无据可查，形制上有两种推断（图 2.31a）。

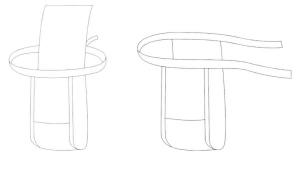

图 2.31a 形制复原图

腰带及裤片上部绢边质地稀疏，经线双根为一组，纬线亦两两相间，使织物呈透孔纱状。其织锦上织有云雁纹，采用红、白、黄三色纬线，均加有 Z 捻，以平纹纬二重组织织成。这是极为典型的由西北地区地产丝绵线织成的平纹纬锦，在新疆吐鲁番和营盘等地亦有大量出土。此类绵线织锦的风格都很相似，通常是红、黄、白三色，一般采用动物纹样，亦有几何纹、树叶、人物等图案。其经纬线均由手工纺成的丝绵线承担。

裤一般指合裆的裤，《急就篇》颜师古注："合裆谓之裈，最亲身者也。"也就是说裈是穿在最贴身的地方，这与 26 号墓的情况相同。（王淑娟）

2.32 绯绣罗裲裆

前秦　罗地刺绣　绢
高 49 厘米，宽 44 厘米
甘肃花海毕家滩墓地出土
甘肃省文物考古研究所藏

该裲裆残存主要为胸前部分，并有少量下摆。其胸前部分为绯罗地刺绣，高 20 厘米，宽 20 厘米。在右上角，残留的绢带中缝入一块红绢绣片，用途不明。

罗为四经绞横罗，即四经绞罗与三梭纬平纹相间而织的素罗。通过便携式红外扫描仪无损检测，可知其材质为丝。

罗下为绢，共同作为绣地。绣为锁绣，作星云纹（图 2.32a）。罗与绢之间填有圆形云母晶片，可以通过罗地的空隙而透出来，时隐时现，别有风格，是汉晋时期极有特点的一种绣法。绣地之下填有丝绵，背面仍是绢作衬里。罗的四周有宽约 10 厘米的本色绢边，下部较大，似为至腰部的宽摆，可能与背后部分相连。在顶端靠右的绢边上，缝有一宽约 5 毫米，高度与绢边相一致的扣襻，用途不明。其上部与背部相连的搭襻方法也不明。

裲裆在古代文献中有多种写法，如"两当"或"两裆"。汉刘熙《释名·释衣服》称："裲裆，其一当胸，其一当背，因以名之也。"两汉时仅用作内衣，多施于妇女，但到魏晋时则不拘男女，均可穿在外面，成为一种便服。《宋书·五行志》载："至元康末，妇人出两裆，加乎胫之上，此内出外也。"嘉峪关魏晋壁画墓画像砖上就发现了穿着裲裆的人物，其款式与此完全相同（图 2.32b）。晋干宝《搜神记》卷十六还提到一种"丹绣裲裆"，从字面理解应该是在朱砂染色的织物上进行刺绣制成的裲裆，此墓出土的应该就是丹绣裲裆之类，在红罗地上进行刺绣。这种方法制成的裲裆可能在当时已经成为一种较为流行的款式。[1] 新疆阿斯塔那 39 号墓也有一件出土，以红绢为地，上用黑、绿、黄三色丝线绣成蔓草纹、圆点纹、金钟花纹；四周另以素绢镶边，衬为素绢，其中还纳有丝绵。但出土时仅存前片，只可以看到其胸前的刺绣与此十分相似，但无法复原其结构（图 2.32c）。有趣的是墓主人也是一位青年女性，而且墓中出土了一些随葬文书，其中最晚的一件也是升平十四年（370）[2]，与花海 26 号墓年代完全一致。这是第一次将裲裆的名称与实物对应起来，具有重大的意义。（赵丰、王淑娟、万芳）

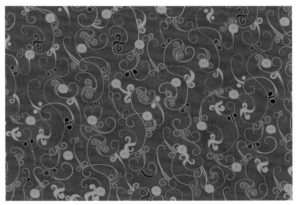

图 2.32a　纹样复原图

图 2.32b 嘉峪关魏晋壁画　　图 2.32c 阿斯塔那 39 号墓出
墓画像砖上的穿　　　　　土的裲裆残片
裲裆人物

[1] 赵丰、王辉、万芳，2008，第 102 页。

[2] 新疆维吾尔自治区博物馆，1973，第 7—27 页，
　　图 51。简报中将升平十四年按东晋的纪年断为
　　370 年，无论谁对谁错，当为同一年。

2.33 紫缬襦

前秦 绞缬绢 绢 格纹织物
衣长 64 厘米，通袖长 140 厘米
甘肃花海毕家滩墓地出土
甘肃省文物考古研究所藏

　　修复前残存两片，分别为左右（前）衣片。其中，左衣片残长 74 厘米，横宽 87 厘米，领、衣身侧缝及袖（腋下），均有残损。右衣片残失严重，仅留存部分领襟及衣身，残长 44.5 厘米。就残存迹象看，此襦应为右衽、大襟腰襦，袖口宽博（约 54 厘米）。衣身在近腰处，分作两片，上为紫缬绢，下接高 20 厘米、横宽约 23 厘米的长方形本色绢。领襟宽 7 厘米，由领及（底）摆。领襟与衣身相接处，有高 18 厘米、宽 6 厘米的三角形拼缝装饰。而衣身与袖连接处，亦有拼缝布条。因布条两端均有残破，故难以准确判断其长度，但基本形状尚清晰。由肩至腰，为宽约 4 厘米的长方形。

　　面料之下有衬里残存，主要为本色绢，并有小三角形紫色绢，亦为多片接缝，接缝方式类似于面料部分。衬里与面料间夹有丝绵。

　　此结构少见于中原汉族服饰，但在新疆尼雅和营盘等地均出现了类似的服饰。但所存袖口为织物幅边，未见有与衬里接缝的痕迹，因此并不排除袖口处另有与衣身部分接缝装饰布条类似的镶边。

　　此衣的主要面料为绢地紫绞缬。其扎染缬点呈方框形，直径约 1 厘米，横向每 10 厘米 6 个缬左右，纵向每 10 厘米四行。就目前而言，如此大面料的绞缬衣十分难得。衣上还有小片的红色绞缬绢，绞缬方法基本相同。根据衣物疏对此件文物的记载"紫绣襦"来看，说明当时缬染技术刚刚开始，尚无一个专有名词，仍以"绣"字替代。

　　西北地区出土的上衣经常可以看到肩部有一条装饰带。此件衣物上的装饰带织物较为特殊，是一种彩色格子织物。它用蓝、红、白、褐四色的经线和纬线进行排列组合，织造技术虽简单，但风格却很有特色。（赵丰、王淑娟、万芳）

2.34 忍冬联珠龟背纹刺绣花边

北魏　绢　劈针绣
长 59 厘米，宽 14 厘米
甘肃敦煌莫高窟出土
敦煌研究院藏（K125:1）

　　1965 年 3 月，为配合莫高窟南区危崖加固工程，在第 125 窟、第 126 窟前清理发掘时，发现窟前崖壁有与崖壁平行的裂缝。在清除裂缝中的沙石、干土后，发现了混在沙石中的一些刺绣织物残片。刺绣残缺较甚，现存仅为原状的一小部分。从残存部分推测，刺绣从上而下应包括：横幅花边、一佛二菩萨说法图、发愿文和供养人像。[1]

　　花边以黄褐色绢作地，联珠六边形和圆形相交构成主要骨架，另穿插忍冬纹作为主要装饰。联珠六边形为紫地白色，其余则以浅黄、蓝、绿等色作忍冬和圆形骨架。花边纹饰与敦煌北魏时期第 259 窟、第 248 窟以及大同云冈石窟第 9 窟中的忍冬纹花边十分接近 。

　　整件织物采用劈针绣。劈针属于接针的一种，在刺绣时后一针从前一针绣线的中间穿出再前行，从外观上看起来与锁针十分相似，它和锁针的最大区别就在于劈针的绣线直行而锁针的绣线呈线圈绕行，因此其技法比锁针要相对方便得多。（赵丰、王乐）

[1] 敦煌文物研究所，1972，第 54 页。

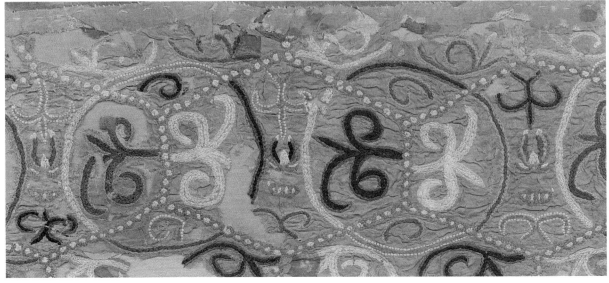

2.35 刺绣佛像供养人

北魏　绢　绮　劈针绣
长 54 厘米，宽 30 厘米
甘肃敦煌莫高窟出土
敦煌研究院藏（K125:1）

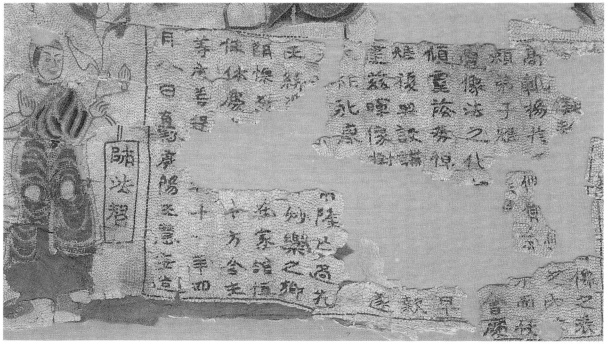

与前件刺绣花边可能源自同一件织物，绣地为本色绢，背面残存部分橘色绮和米色龟背纹绮。此刺绣原来可能曾悬挂于寺庙或洞窟中，残损严重。刺绣的中心部分应是一坐于莲花座之上的佛像，着红色袈裟，作双脚盘坐的结跏式。佛坐莲座，莲花为复瓣覆莲，由红、绿等色线分层绣出。佛左侧的菩萨站于莲盘之上，仅存右手，下着绿裙，两腿间垂红色腰带，红色帔巾亦下垂，十分飘逸。佛和菩萨之间，穿插有不少忍冬纹。佛像及莲座残存高约 26 厘米，推测原高为 80 ～ 90 厘米，而两侧菩萨原高可能为 30 ～ 35 厘米。因此，这幅佛说法图的两侧上部可能还有菩萨或是飞天。这与北魏时期的一些佛说法图和雕刻非常接近。在山西大同云冈石窟研究院张焯院长的帮助下，我们进行了刺绣纹样的复原（图 2.35a）。

刺绣最下方为供养人和发愿文。发愿文居中，高约 11 厘米，宽约 16 厘米，紫色作框，蓝色绣字。供养人分列左右，均手持莲花，高约 15 厘米上下。右侧为男供养人，仅存两身，第一人为供养比丘，不见题名。第二人残存头、足部分，头戴黑色高冠，脚穿乌靴，题名仅存最后一 "王"字。左侧为女供养人，第一人为比丘尼，着红色袈裟，题名为 "师法智"；第二人戴紫褐色高冠，穿窄袖长衫，衣上主体有红色桃形纹饰，衣襟及下摆处则为红色忍冬纹样，内穿暗绿色长裙，题名 "广阳王母"；第三人姿态相似，穿绿色窄袖长衫及浅黄色长裙，题名 "妻普贤"；第四人残，为红衣绿裙，题名 "息女僧赐"；第五人更残，绿衣黄裙，题名 "息女灯明"。从题名看，除比丘和比丘尼之外，这是一个家庭的成员。男主人为广阳王，女性中有广阳王母亲、妻子和两个女儿。

从发愿文的落款来看，此刺绣为广阳王慧安于北魏太和十一年（487）所施。经考古人员考证，广阳王见于《北史》和《魏书》的记载，广阳王共有四代，这一位于太和十一年施此刺绣的应是第二代广阳王元嘉，慧安是他的法名，他在四代广阳王中信奉佛教最为虔诚。[1] 元嘉本人并未到过敦煌，这件刺绣应该是在洛阳制作，通过其他高僧带来的。这一现象在当时非常普遍。《洛阳伽蓝记》载宋云、惠生使西域时见当地 "悬彩幡盖，亦有万计，魏国之幡过半矣"。这类绣有佛像的幢幡，在当时就称为 "绣像"："每讲会法聚，辄罗列尊像，布置幢幡"。也就是说，它是僧人进行讲经说法时悬挂的，通常由施主供养。（赵丰、王乐）

图 2.35a　刺绣纹样复原图

[1] 敦煌文物研究所，1972，第 54—56 页。

2.36 锦彩百衲

北魏　绢　棉布　平纹经锦　平纹纬锦　绞缬　平纹绮
长 73 厘米，宽 51 厘米，高 22 厘米
甘肃敦煌莫高窟出土
敦煌研究院藏（B222:10、B222:11）

该锦彩百衲出土于敦煌莫高窟北区 B222 窟，文物共有大小五块，分别为百衲主体、蓝色条带、长方形锦、三角形锦及细长丝絮。

百衲，指用零碎的材料集合，拼成一件较完整的东西，例如百衲本、百衲琴等。用各种颜色的零碎布料拼合缝制的服装，即为百衲衣，原指僧衣。这种百衲从唐代开始流行，一些古诗词中多有涉及。唐白居易《戏赠萧处士清禅师》诗："三杯嗜茗忘机客，百衲头陀任运僧。"宋苏轼《石塔戒衣铭》："云何此法衣，补缉成百衲。"一些敦煌文书中也有涉及"百衲"的描述，敦煌千佛洞所出的唐、五代时期变文等说唱文学资料专集《敦煌变文集·卷五·维摩诘经讲经文》中有了明确记载："巧裁缝，能绣补，刺成盘凤须甘雨。个个能装百衲衣，师兄收取天宫女。"[1] 我国历代出土的百衲织物种类众多，在敦煌藏经洞中便有大量出现，以幡旗和伞盖较为常见。另外，内蒙古代钦塔拉墓、金代齐国王墓、河北隆化鸽子洞元代窖藏中也出土过各种百衲饰品。

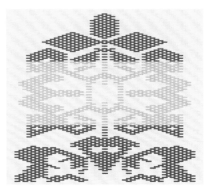

B222 窟属于北区崖面第五层石窟，石窟所在的崖面塌毁严重，窟内堆积较多，出土物有织物、木雕器、陶器、草垫子和波斯银币。其中织物又有丝织物和棉织物，丝织物中有绢、

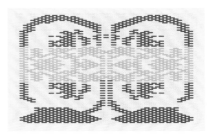

图 2.36a 织锦纹样复原图

绮、锦、蝴蝶结及该件丝绸百衲。据窟内出土遗物分析，石窟时代不应晚于唐代，其开凿时代可能为隋末唐初。从织物品种及类别看，该洞窟出土的百衲极有可能为北朝晚期至隋所制作。[2]

该百衲是由多个三角形、长方形、正方形的锦、绢、棉布等不同的织物缝制而成，织物组织结构多样，制作手法不一，颜色丰富多彩。以各色绮为主，也有平纹组织、平纹经锦、平纹纬锦等，另有织物上可见绞缬，花纹小巧精细。百衲中多有唐代特色显著的花卉纹，多种花型集中在一起，再进行艺术处理形成较为夸张、造型丰富的花型。这类花卉造型多出现在织物锦中，颜色以红、黄、绿为主，且形式多样，但因破裂残缺严重，仅有部分可被识别（图 2.36a）。

通过梳理文物的经纬向纱线可以看到百衲主体有两处明显的拐角，相邻两块织物呈直角拼接，且长短不一，因此可推断出文物主体为长方形；又因在两个转角处有保存较好的三角形锦（由正方形锦在中间折叠后缝合、裁剪形成），且另有单独、类似的一片三角形锦，从其制作方法及相邻织物的种类来判断，与一般所见百衲形制不同，排除平面文物的可能，应为长方体或是表面长方形、下有垂挂的形式。通过细致的分析研究，最终采取不同的方案对其进行复制与修复。[3]（杨汝林）

[1] 王重民、王庆菽、向达等，1957，第 629 页。

[2] 敦煌研究院，2004，第 321—325 页。

[3] 杨汝林，2014，第 38—46 页。

2.37 染缬绢幡

盛唐　绢　平纹纱　绞缬　灰缬
长 168 厘米，宽 24 厘米
甘肃敦煌莫高窟出土
敦煌研究院藏（K130:1）

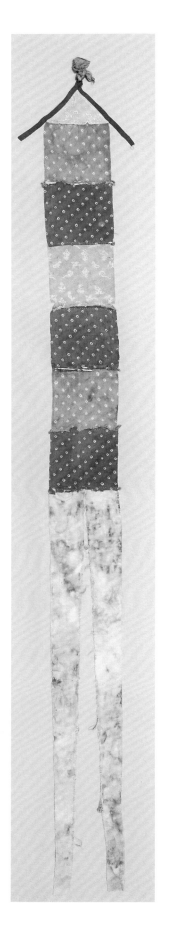

1965 年 10 月，在加固莫高窟第 130 窟内大面积空鼓壁画时，原敦煌文物研究所保护组的工作人员在窟内南壁西端，距离西壁约 1 米、距地面高 20 余米处，发现底层壁画下有一岩孔，孔内填堵着残幡等织物一团，经整理共 40 件，多为绢幡和绮幡，时代为唐代。[1]

此件染缬绢幡为上述出土幡中的一件。幡头斜边由一整条红色绢对折制成，三角形幡面为团花灰缬纱。纱采用平纹组织，纬线有两组，一组单根排列，另一组三根排列，每组连续投两梭并交替织造，此种织物很可能是敦煌文书中记载的隔织纱。[2] 吐鲁番也出土过类似的纱织物，如黄地花树对鸟纹纱和原色地白花纱等，都是由两组纬线各织两梭交换而成，一组单根，一组双根。[3]

幡身由六块边长 12.5 厘米左右的方形染缬绢缝制而成，相邻两块幡身间夹缝芨芨草秆，两侧各缝缀一蓝色丝线小流苏。其中有两块绿色和三块褐色的绞缬纹绢，上面的图案均为白色小菱形，外框边线清晰，内部呈晕染效果。此种绞缬的制作借助叠坯加工染作半明半暗的花纹，或许就是唐诗中记载的"醉眼缬"。另外一块黄色的灰缬绢幡面，图案由飞鸟、立鸟、朵云和小花树构成。类似图案的灰缬在吐鲁番也有出土，如阿斯塔那 108 号墓中与开元九年（721）郿县庸调麻布同时出土的双丝淡黄地鸳鸯花树纹印花纱。[4] 不少吐鲁番出土的印染丝织品都曾被认为是蜡缬，但通过实验，武敏认为这些印花织物所采用的防染剂不是蜡，而是锌粉或亚硫酸钠之类的碱剂。此件敦煌的印花绢采用的应该也是类似的印花工艺。

幡足由两片上宽下窄的白色绢缝合而成，中间小部分重叠，呈燕尾状。白绢上晕染了蓝色和红色颜料。（王乐）

[1] 敦煌文物研究所考古组，1972，第 55 页。

[2] 敦煌文书 P.4518(28) "又传白罗捌匹，花隔织两匹，楼绫肆匹，定绫贰匹"，此处的隔织，应是指隔织纱。

[3] 赵丰，2005b，第 226 页。

[4] 新疆维吾尔自治区博物馆，1972，第 41 页。

2.38 发愿文绢幡

盛唐　绢
长 162 厘米，宽 15 厘米
甘肃敦煌莫高窟出土
敦煌研究院藏（K130:3）

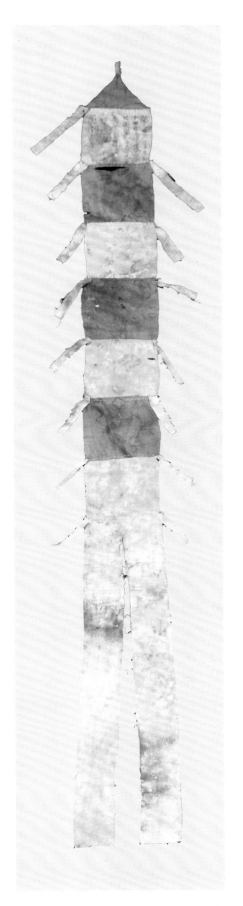

　　彩色绢幡，保留幡头、幡身、幡手和幡足。幡头没有斜边，为一块红色双层三角形绢钉一截本色绢悬祥。幡身共七块，高 88.3 厘米，由米色绢和红色绢交替缝制，幡身交接处插入芨芨草秆。每一交接处的两侧都缝有长度与单块幡身长度相近的本色绢短幡手，共 15 根，最右上方的那根缺失。幡足是一块长 63 厘米、宽 14.5 厘米的本色绢，从下端中间向上裁开成 2 根，最上方依旧相连。

　　第一块幡身上有墨书 6 列共 38 字：

开元十三年七月

十四日康优婆

姨造播（幡）一口为己身

患眼若得损日

还造播（幡）一口保佛

慈曰（因＝恩？）故告[1]

　　此墨书应是发愿文，此幡为佛教信徒为祈佛"消灾免病"而施舍的幡。敦煌发现的发愿文幡还有发愿文绢幡(K130:11)，上有墨书 30 字祈求腰疾康复；夹缬绢幡（L:S.621）上墨书三行于阗文，祈求佛祖保佑远离麻烦，愿望和雄心得以实现。[2]

（王乐）

[1] 敦煌文物研究所考古组，1972，第 55 页。
[2] 赵丰，2007，第 68 页。

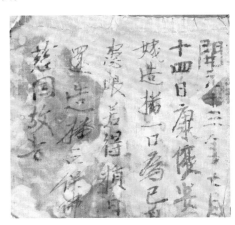

2.39 彩色绮幡

盛唐　绢　绮
长 43.4 厘米，宽 16 厘米
甘肃敦煌莫高窟出土
敦煌研究院藏（K130:14）

　　该幡也出土自莫高窟第 130 窟，由各色丝织物缝制而成，保存幡头和五块幡身。除了最下面一块幡身为白色绢外，其余部位均为绮织物。幡头斜边由一块红色绮对折缝制而成，在幡头顶端形成一个环形的悬袢。幡面是白色菱格纹绮，四个小菱格形成一个大菱形，像一朵四瓣花。幡身使用的织物从上至下依次为：红色葡萄纹绮、绿色柿蒂纹绮、黄色菱格纹绮、浅褐色葡萄纹绮和白色绢（图 2.39a）。

　　两块葡萄纹绮上的图案很类似，枝蔓形成对波形骨架，与藏经洞所出的一块对波葡萄纹绮很相似。[1]青海都兰曾出土过图案一大一小的两种葡萄纹织物[2]，敦煌壁画上也曾出现过绘有卷草葡萄纹样的服饰[3]。葡萄绫亦见于唐诗，施肩吾《杂古诗五首》曰："夜裁鸳鸯绮，朝织蒲桃绫。"

　　绿色柿蒂纹绮上的图案是四瓣朵花，又称柿蒂花，这种小花在唐代的绫绮织物中十分流行。白居易在《杭州春望》诗中写道："红袖织绫夸柿蒂，青旗沽酒趁梨花。"或许可以推测这种柿蒂花纹的绫产自当时的余杭郡（今浙江杭州）。（王乐）

[1] 赵丰，2010b，第 182 页。
[2] 赵丰，2002，第 105、107 页。
[3] 常沙娜，2001，第 47 页。

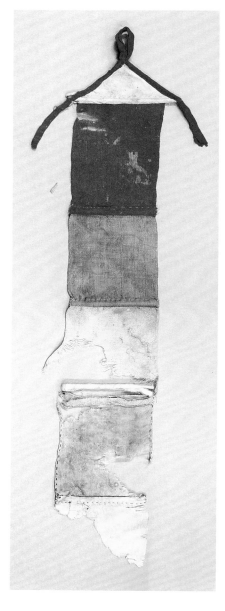

图 2.39a　纹样复原图

2.40 锯齿形锦幡残片

北朝　斜纹经锦
高 36 厘米，宽 23 厘米
青海都兰热水墓地出土
青海省文物考古研究所藏（QK001864）

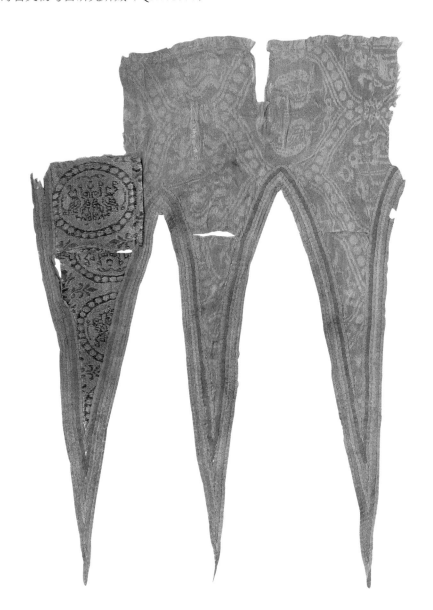

　　都兰县位于青海柴达木盆地的东南部，自 1982 年以来，青海省文物考古研究所在此发掘了
数十座吐蕃墓葬，是吐蕃统治下的吐谷浑邦国的遗存，时代跨度从北朝晚期一直延续到唐代晚期，
在这些墓葬中出土了大量的丝绸。

　　此件织物原应属于一锦幡的下面部分，由小窠联珠对马纹锦和对波狮龙凤纹锦两种不同的织
锦缝合而成，其锯齿形部分以红、黄、绿等色素绢缘边装饰。

其中小窠联珠对马纹锦面积较小，采用 1：2 斜纹经重组织织造，经纬丝线均无捻，经线为蓝、白、黄三色，密度为 52×3 根／厘米，纬线本色，密度为 26 根／厘米。图案经向循环约为 8 厘米。[1] 其主体图案为一联珠团窠，内有两匹左右对称的翼马，站立在一花台上，低首扬蹄，团窠之间装饰有十字形宾花图案。与本展览另一件凹形锦幡残片中所拼接的联珠对马纹锦图案造型十分类似。

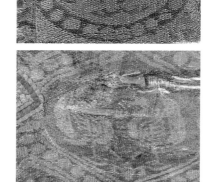

对波狮龙凤纹锦残存的面积较大，采用 1：1 斜纹经重组织织造，其经纬丝线均为无捻，经线为红、黄两色，密度为 45×2 根／厘米，纬线本色，密度为 24 根／厘米。图案经向循环约为 8 厘米。[2] 其图案以联珠纹组成对波形骨架，其中分别点缀有装饰对狮、对龙和对凤图案，骨架交接之处以六瓣小花作纽。这样的图案在敦煌莫高窟隋代彩塑中有类似的反映，可以证明同类织物曾在北朝晚期到唐代初期流行。（徐铮）

[1] 赵丰，2002，第 83 页。
[2] 赵丰，2002，第 84 页。

2.41　黄地卷云太阳神锦

北朝　平纹经锦
长 84 厘米，宽 62 厘米
青海都兰热水墓地出土
青海省文物考古研究所藏（QK001863）

这件凹形锦幡残片的具体形制不清，其残存部分高 62 厘米、宽 84 厘米，由红地云珠吉昌太阳神锦、小窠联珠对马纹锦等组成，内侧缝有五色绢边，外侧已残。

这件幡上最为重要的就是黄地卷云太阳神锦。这件锦在幡上已被裁成三个残片，缝在一起，色彩保存完好，分为红、黄两色。织锦为 1：1 平纹经重组织，经纬丝线均无捻，经丝密度为 68×2 根／厘米，纬丝呈黄色，密度为 40 根／厘米。图案经向循环约为 14.5 厘米。

整个图案由卷云联珠圈构成簇四骨架，并在经向的骨架连接处用兽面辅首作纽，而在纬向的连接处则以八出小花作纽。该锦全幅应由三个圆圈连接而成。其中作为母题纹样的太阳神圈应居中，狩战圈在太阳神圈一边，而另一边的圆圈已残破，也应是狩战题材。

太阳神圈为一组六马拉车的群像。太阳神手持定印，头戴菩萨冠，身穿尖领窄袖紧身上衣，交脚坐于宝座之上。旁边是两个侧面向的持王仗戴圆帽的卫士。太阳神头光旁侧和靠背上方有两

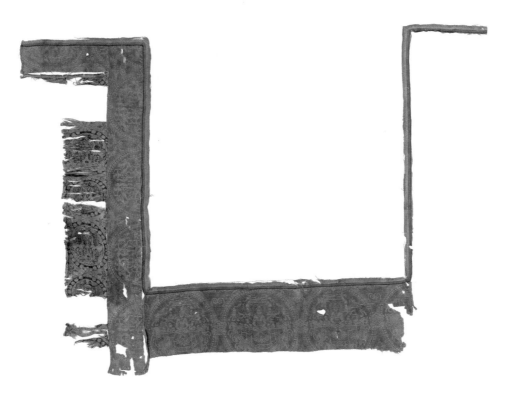

图 2.41a 纹样复原图

个半身人像，均带中国式幞头，为吏形象。太阳神头部正上方有一华盖，马车两旁并有龙首幡迎风招展。

驾马车出行的太阳神早在欧洲青铜时代就已出现在艺术品中，希腊神话中称其为 Helios，传说是泰坦巨神许珀里翁及其妹兼妻子特伊亚的儿子，每日乘四马金车在空中奔驰，从东到西，晨出昏没，用光明普照人间。大约在亚历山大大帝东征时，太阳神形象也来到中亚和印度北部地区，印度艺术中有太阳神苏利耶和一队马匹拉着两轮马车的形象；阿富汗巴米扬石窟第 155 窟壁画上也可以找到其形象，也是四驾马车，但此太阳神作站立状，其服饰明显带有中亚风格（图 2.41b）。再向东方，我国新疆库车克孜儿和甘肃敦煌莫高窟的壁画中也有太阳神的形象，但较为简洁，往往只有一人坐在一辆由两马拉动的马车上。在这一件织锦上，太阳神明显带上了经过丝绸之路沿途的各种影响，如其形象为交脚坐于莲花座上，并且头带背光，无疑是受印度佛教的影响，其马生双翅，并有联珠圈，或与萨珊波斯艺术有关，但此织锦的技法是中国传统的平纹经锦，无疑为中国所产。因此，这是一件融东西方多种文化因素于一体的风格独特的丝绸艺术珍品。

在两侧的狩战纹样圈中，纹样已被分割成两半，中间还有部分残缺，但基本可以复原。圈中应有四组主要纹样。按上下顺序，第一组是一对骑驼射虎的纹样；第二组为骑马射鹿纹样；第三组纹样应该是对人对狮；第四组是一对手持盾牌和短剑的武士形象，相向而立，作互相搏战状。武士身后各有一只鹦鹉回首而视，边饰附有灵芝状纹样。这组纹样的中间部分，应该与中国丝绸博物馆所藏团窠联珠动物乐舞锦相似[1]，据此锦的纹样，可以将黄地卷云太阳神锦的纹样基本补全（图 2.41a）。

在太阳神上部圈外的空间处，装饰有云气纹和九个圆点，还有汉文"吉"字和相对奔跑的动物，在太阳神的下部圈外，也有一个"吉"字和一对带角的野山羊。在狩战圈上部圈外，有对鹿、云气纹、七个圆点和汉文"昌"字，在狩战圈外靠幅边处，有云气纹、七个圆点和对狮纹。

与黄地卷云太阳神锦缝在一起的还有一件联珠对马纹锦，采用的是 1:2 斜纹经重组织，经纬丝线均无捻，经丝为橙、白、蓝和绿四色，其中蓝和绿两色交替显花，密度为 52×3 根 / 厘米，纬丝本色，密度为 30 根 / 厘米。图案经向循环大于 7.5 厘米，纬向循环约为 10 厘米。在纬线方向上，现存六个团窠，长约 55 厘米，这应该就是一个门幅的尺寸，而在一个门幅内，应该就有六个对马的联珠团窠。（赵丰）

[1] 赵丰、齐东方，2011，第 88 页。

图 2.41b 巴米扬石窟中的太阳神像

2.42 红色绫地宝花织锦绣袜

唐代 斜纹经锦 暗花绫 锁绣
长 27.3 厘米，高 22.5 厘米
青海都兰热水墓地出土
青海省文物考古研究所藏（QK001854）

这件保存完好的锦袜出自青海都兰热水墓地。整个袜子共分三个部分，即袜筒、袜背和袜底。

袜筒以斜纹经锦作为基本组织，蓝地黄花。花纹是当时十分流行的小型宝花和十样花纹，两者呈交错排列。同类织锦在吐鲁番和敦煌等地均有发现，花纹的色彩较此稍为复杂。袜背以红色方格纹绫为底，上用黄、蓝等色丝线以锁绣针法绣出小型宝花纹样。宝花作六瓣状，中心是六瓣小朵花，再是六个弧形环，是花蕾的简化，花蕾外有

六片叶穿插。各朵宝花不完全一致，排列也较为自由。袜底以几何纹绫为地，其上以跑针绣出矩形格子纹。三个区域之间的连接处用了黄线，使用了极为罕见的绕环编绣。

这样的锦袜在唐代还是第一次出土，可能是西北少数民族在帐篷内穿着的。（赵丰）

2.43 黄地大型宝花绣鞯

唐代　锁绣
高 38 厘米，宽 51 厘米
青海都兰热水墓地出土
青海省文物考古研究所藏（QK001861）

　　这一绣片出自青海都兰热水墓地，从其形状来看，原为垫在马鞍下之鞯的残片。《说文》："鞯，马鞴具也。"乐府《木兰诗》中有"东市买骏马，西市买鞍鞯"之说，鞍鞯搭配，通常在一起买。其中鞯垫于鞍下，有一定的厚度，以防鞍伤马背。鞯的形象在唐俑中有特别多的表现，如陕西西安新筑乡于家村出土的彩绘陶骑马击腰鼓女俑（cat. 1.28）的鞯面为宝花形，不是织锦就是刺绣制成，与本件宝花绣鞯非常相似。青海都兰出土的刺绣鞯面还有多例，如青海都兰吐蕃 3 号墓出土的刺绣（99DRNM3:72），可以看到一条弧形的斜边上绣了团花，但内侧是卷草纹样，应该就是一件绣鞯残片。[1] 中国丝绸博物馆所藏唐代刺绣对凤应该也是一件绣鞯（图 2.43a）。[2] 但是，唐代的鞯面材料更为丰富，特别多的是动物皮毛。

　　此件绣鞯以黄绢为地，其上用白、棕、蓝、绿等色以锁绣针法绣成，绣线由两根 S 捻的丝线合股而成，粗约 0.3～0.4 毫米。图案基本元素为有唐草风格的宝花花瓣，花瓣呈桃形，瓣内有蕾，四瓣形成一朵宝花，但这些花瓣又相互联结，连成一片，显得极为华丽。

唐草是唐代最为流行的植物纹样之一，起源于忍冬卷叶花卉，至盛唐时流行。大量唐代壁画和装饰中都可以看到唐草的纹样，风格与此十分接近。同类刺绣虽未出土过，但吐鲁番出土的唐代绢画中有一仕女，上身着衣的图案风格及色彩均与此十分相似，以唐草为主，可以作为同类刺绣在当时存在的实证。[3]（赵丰）

图 2.43a　中国丝绸博物馆所藏绣鞯图案复原图

[1] 北京大学考古文博学院、青海省文物考古研究所，2005，彩版 26。

[2] 中国丝绸博物馆，2007，第 95 页。

[3] 新疆维吾尔自治区文物局、上海博物馆，1998，第 174 页。

2.44　葡萄纹绫衣襟残片

唐代　暗花绫　扎经印染
长 91 厘米，宽 36 厘米
青海都兰热水墓地出土
青海省博物馆藏（QK002039）

图 2.44a　葡萄纹绫纹样复原图

从形状来看，此件原为绫袍的衣襟。绫袍主要面料为褐色卷草葡萄纹绫，用絣织物作缘。

絣在今天见于日本的丝绸品种，指一种扎经染色织物，与我国新疆今天生产的艾德莱斯绸的工艺同出一源。其工艺是先将经丝分区进行包扎，先后染出蓝、褐等色，打开包扎，就能得到经线上的几个色区，然后再进行织造，织造后的图案有一种区域不明、图案朦胧的效果。但絣字最早还是出现在中国，《说文》已有“絣，氐人殊缕布也”。段玉裁引《华阳国志》注：“武都郡有氐叟，

殊缕布者，盖殊其缕色而相间织之，絣之言
骈也。"可能指的就是扎经染色的工艺。[1] 从
世界染织史的范围来看，这类扎经染色的织
物最早实物出现在地中海沿岸 [2]，后来传遍
东南亚地区，在唐代前后，印度、日本、中
国都已出现了这类织物。日本正仓院内，就
有着称为广东裂的絣锦。[3]

这件都兰出土的絣织物是中国境内出土
的第一件扎经染色织物，用作袍缘，残长 91
厘米，宽 8.5 厘米，经纬丝线均加 S 捻，以
平纹织成。经密 40 根 / 厘米，纬密 15 根 / 厘
米。绑扎时约 10 至 20 多根不等，但邻近的
3 ～ 5 组绑扎又染同一配色。如某些绑扎只
染蓝色，某些绑扎又染蓝又染褐，还有一些
经线不绑不染，这样交错排列，十分自然。
而作为袍面主体的是褐色卷草葡萄纹绫。其
葡萄纹样非常大，以卷草的形式出现（图
2.44a）。葡萄纹是唐代极为流行的图案，类
似织物在都兰还有出土 [4]，与日本正仓院所
藏也非常接近 [5]。织物的基本组织为 3/1Z
斜纹和 1/3S 斜纹互为花地，经密 50 根 / 厘
米，纬密 35 根 / 厘米。图案循环经向 5 ～ 7
厘米，纬向对称后通幅，幅宽约为 49 厘米。
（赵丰）

[1] 赵丰，1992a，第 106 页。
[2] Carol Bier, 2014, pp. 32-40.
[3] 松本包夫，1984，第 82 页。
[4] 林健、赵丰、薛雁，2005，第 60—68 页。
[5] 松本包夫，1984，第 82 页。

2.45　夹缬残片

唐代　夹缬
长 28.5 厘米，宽 24 厘米
青海都兰热水墓地出土
青海省博物馆藏（QK001890）

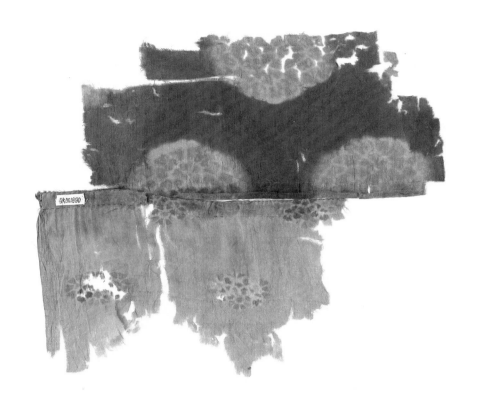

　　此件夹缬残片由蓝地团花夹缬绢和黄地折枝纹夹缬绢拼缝而成，推测可能原为衣服的一部分。所谓夹缬是指用两块雕刻成图案对称的花板夹持织物进行防染印花的工艺及其工艺制品，其名始于唐代。据《唐语林》记载：夹缬的发明者是唐玄宗时柳婕妤之妹，她"性巧慧，因使工镂板为杂花，象之而为夹缬。因婕妤生日献王皇后一匹，上见而赏之，因敕宫中依样制之。当时甚秘，后渐出，遍于天下"。夹缬的名字也屡见于唐代文献，如"成都新夹缬，梁汉碎胭脂""今朝纵目玩芳菲，夹缬笼裙绣地衣"等。

　　这两块夹缬绢的图案略有不同，但均以花卉图案为主要表现题材，并采用多彩夹缬工艺，其关键是在夹缬板上雕出不同的染色区域，使得多彩染色可以一次进行。其中蓝地团花夹缬绢在蓝色地上夹染出褐色的小团花，团花的直径约为 8 厘米；而黄地折枝纹夹缬绢在黄色地上染出褐色和蓝色小簇花，花簇外形呈椭圆形，大小约为 4.5 厘米×2.5 厘米。（徐铮）

2.46 龟甲纹织金锦带

唐代　织金锦
长 70 厘米，宽 3.2 厘米
青海都兰热水墓地出土
青海省文物考古研究所藏（QK001895）

该锦是中国国内发现的最早的加金织物，以带的形式出现，幅宽为 3.2 厘米。织金图案的外形是龟甲状的正六边形，内部是六瓣小花，排列非常整齐，经向循环为 3 厘米。

织物加金，在中国文献上出现甚早，但实物的发现就比较迟。而金线在织物上的应用，草原上的民族或是西方应该更早，俄罗斯的巴泽雷克墓地出土物中就有金片织入缂毛的实例，年代在公元前 5—前 3 世纪。[1] 但从金箔的制造来看，织物加金于公元 3—5 世纪开始出现在中国。甘肃武威磨咀子汉墓出土的锦缘绢绣草编盒中就有这样的贴金罗（cat. 2.22），新疆营盘 15 号墓出土男尸身上的衬衣领口、毡袜背和底的部位，也有大量的贴金实物（cat. 3.12）。迟至唐代，片金开始用于织造。初期应该是用单纯的片金，直接将金打成金箔，再裁成片金线织入织物。都兰出土的织金带就是这样，经线深绿色，Z 捻，密度为 52 根 / 厘米，纬线绿色，Z 捻，密度约为 10 根 / 厘米，片金宽 1.2 毫米，无背衬。片金与纬线比为 1∶1，平纹地组织，二分之一的地经被用来固结片金，固结组织亦为平纹。片金在织入之后保留显花部分，但剪去其余部分，织物背后则无片金。这种形式的织金使用得不多，后来大量采用的是背后加衬的片金及由此进一步加工制成的捻金线，这在晚唐法门寺和静志寺地宫出土的蹙金绣和钉金绣中就能看到很多了。（赵丰）

[1] N. V. Polosmak, L. L. Barkova, 2005, pp. 134-137.

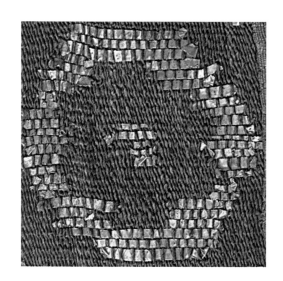

2.47 蓝地十样小花缂丝

唐代 缂丝
长 25.5 厘米，宽 8.5 厘米
青海都兰热水墓地出土
青海省文物考古研究所藏（QK002020）

缂丝是通经断纬的织物，即将经线绷于织机上，用多彩的纬线按纹样设计的要求在不同色彩区域内进行挖织，这样，尽管缂丝只是最为普通的平纹组织，但其图案色彩的变化却可以随所欲求。缂丝的技法来自缂毛，但到唐代前后开始用丝进行缂织，形成缂丝的新品种。

缂丝在新疆吐鲁番阿斯塔那墓地、青海都兰热水墓地和甘肃敦煌莫高窟三处均有发现。吐鲁番发现的见于报道的共有三件。第一件是出自阿斯塔那 206 号墓中的绿地几何纹缂丝带，墓中伴出高昌义和五年（618）到唐光宅元年（684）纪年文物。[1] 第二件是出自阿斯塔那 188 号墓的橘黄地几何纹缂丝带，墓中伴出唐神龙二年（706）直到开元四年（716）等纪年文书。[2] 这两件相较为窄带。第三件是出自阿斯塔那 228 号墓的宝花纹缂丝针衣，伴出唐开元十九年（731）到天宝三载（744）文书，这件缂丝相对较宽，达 6 厘米。[3] 而都兰所出者以小形宝花为主题，宽 8.5 厘米，属于较宽的缂丝织物。其经线为本色，两股 Z 捻合成 S 捻，密度为 18 根 / 厘米，纬线以绿、黄、白为主，Z 捻，密度约为 40 ～ 60 根 / 厘米。图案循环经向约 4 厘米，纬向约 2.8 厘米。其断纬处不仅根据换彩需要而缂断，而且在同一色区内也有缂断，纯粹是为了表现雕镂之效果，也更显示出缂毛的风格在缂丝初期的应用。（赵丰）

[1] 新疆维吾尔自治区博物馆，1975，8—26 页。
[2] 新疆文物考古研究所，2000，图版 5。
[3] 新疆文物考古研究所，2000，图版 4。

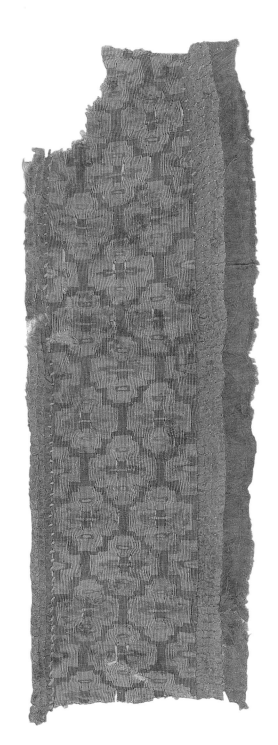

2.48 黄地瓣窠灵鹫纹锦

唐代　斜纹纬锦
长 49 厘米，宽 18 厘米
青海都兰热水墓地出土
青海省文物考古研究所藏（QK001857）

团窠为八瓣花环，环中是一正视直立的鹰。鹰头向左，后有头光。两翅平展，颈与翅有联珠条饰，中间主体为腹部，鹰之双足抓住一人形，置于腹部（图 2.48a）。鹰尾共七根羽毛。这种正面鹰身的造型在中国极为罕见，但在西方却较为常见。即使是在中亚地区，也时有发现。乌兹别克斯坦境内的扎尔特佩（Zar-tepe），残留着一些壁画，其中就有一幅为鹰身正面，鹰足抓住一人，考古学家认定其为金翅鸟（Garuda），其造型与此十分接近（图 2.48b）。

组织为 1∶3 的斜纹纬二重。经线为暗棕色，Z 捻，明经单根，密度为 25 根 / 厘米，夹经两根，密度为 50 根 / 厘米，纬线为棕黄色地上显深棕、灰绿、浅黄色花纹，密度为 26×4 根 / 厘米。图案单元纬向约 20 厘米，经向循环应大于 20 厘米。（赵丰）

图 2.48a 纹样复原图

图 2.48b 金翅鸟壁画

2.49 黄地团窠宝花立凤纹锦

唐代　斜纹纬锦
长 29 厘米，宽 12.5 厘米
青海都兰热水墓地出土
青海省文物考古研究所藏（QK002054）

　　此件织锦以紫色纬线作地，其上以蓝、绿、棕、黄等四色纬线显花，现保存有两个团窠的图案、花形完整，环形团窠由各种花蕾头连接而成，团窠内为一立凤，双脚立地，姿态颇有早期中原地区织锦中朱雀纹的影子，但凤头呈三角形，已带有外来影响的痕迹。图案经向循环 17 厘米，纬向循环 13 厘米。唐代时这类团窠花卉中的凤凰图案织锦较为常见，如甘肃敦煌藏经洞出土的葡萄中窠立凤"吉"字纹锦，团窠尺寸较此件大，凤作一足立地状，环形团窠则由卷草葡萄纹构成。《历代名画记》载："内库瑞锦对雉、斗羊、翔凤、游麟之状，创自师纶（陵阳公）。"这件织锦的图案正与陵阳公样中的翔凤吻合。

　　所谓"陵阳公样"是唐代吸收消化自西域地区传入的联珠团窠纹样后，出现的一种具有中国特色的新型团窠图案，因创制人窦师纶曾爵封"陵阳公"而得名。陵阳公样使用的团窠环可分成三种类型：一种是组合环，有双联珠、花瓣联珠、卷草联珠等各种变化，是陵阳公样与联珠团窠较为接近的一种；第二种是卷草环，唐诗中"海榴红绽锦窠匀"所说的正是这类团窠，敦煌所出土的葡萄中窠立凤"吉"字纹锦即是此类；第三种采用花蕾形的宝花形式作环，其环可以根据蕾形的处理情况而分成显蕾式、藏蕾式、半显半藏式三种，此件团窠宝花立凤纹锦就属于此类。（徐铮）

2.50 中窠蕾花对狮纹锦

唐代　斜纹纬锦
长 26.5 厘米，宽 18.5 厘米
青海都兰热水墓地出土
青海省文物考古研究所藏（QK002026）

此件织锦以黄色纬线作地，其上以蓝、暗红等色纬线显花，现保存有两个团窠的图案，虽然褪色情况较为严重，但花形完整。其图案由连续的八瓣侧视花朵组成环式团窠，在图案风格上，与本展览中的团窠宝花立凤纹锦、黄地对孔雀纹锦同属于"陵阳公样"。团窠内为两只相对站立的狮子，前腿扬起，狮尾上翘，呈跃起状，躯体肉丰骨劲，充满力量和活力，两狮之间点缀有花草图案。狮子虽然原产于非洲和亚洲西南部，但到唐代时，人们对狮子形象已经有了充分了解，唐太宗时的名臣虞世南曾作《狮子赋》，赞其："阔臆修尾，劲毫柔毳。钩爪锯牙，藏锋畜锐。弭耳宛足，伺闲借势。"宫廷画家阎立本也有《西旅贡狮图》和《职贡狮子图》两幅名画，而不少西域雕刻家和画家也涌入长安，画狮的有西域尉迟乙僧、康居国康萨也等。唐代王玄策从我国的西藏出使印度，亦将狮子画法传入中原。因此，对比本展览中北朝联珠"胡王"锦中所见狮子图案与此件织锦中的狮子图案，唐代的狮子形象比北朝时更为写实。（徐铮）

三

西域交融

　　阳关以西的区域即史书所载的"西域"，大致为今天我国的新疆地区或更西。丝绸之路经由天山南北开始出现数条分道，各国商队由此将中国所产的丝绸源源不断地贩运到世界各地，同时也把中国先进的蚕桑丝织技术传播出去。另一方面，由于历史上这里民族多样、语言纷繁、宗教林立，各民族、各地区的不同文化和技术在此汇集、融合，也使得该地区成为丝绸之路中国境内对外文化交流的最前沿。

3.1 绢地凤鸟纹刺绣

战国　绢地锁绣
长 18 厘米，宽 16 厘米
新疆乌鲁木齐阿拉沟 28 号墓出土
新疆维吾尔自治区博物馆藏（XB14075）

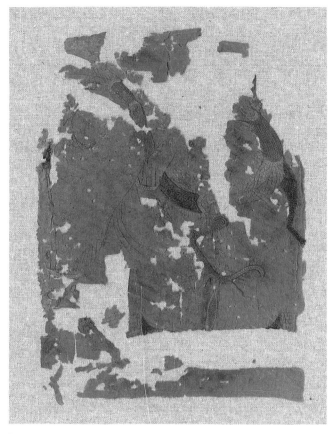

鱼儿沟位于新疆乌鲁木齐达坂城区，古代曾有车师人居住，曾有战国时期墓葬发现。这件绢地凤鸟纹刺绣就出自这里。

刺绣四周残存有缝线的痕迹，织物上有一只残存的凤鸟，以锁绣绣出。其鸟身主体还在，双足向右行走，尾巴卷起，巨大的翅膀弯曲绕到身前。从凤鸟造型来看，与楚地特别是湖北荆州马山楚墓出土的刺绣十分相像。特别是凤鸟花卉纹绣上的纹样，是一只行走的凤鸟与花卉相间排列，凤首引颈向天，双足一前一后，尾开两枝，可爱的双翅，一大一小，若即若离（图 3.1a）。[1] 由此对照鱼儿沟出土的残凤，其总体造型应该也是相去不远（图 3.1b）。

战国时期的内地丝绸向西传播主要途径是先到阿尔泰山南麓，再向北传播。俄罗斯境内巴泽雷克墓地已出土战国时期的几何纹锦和凤鸟纹绣[2]，而鱼儿沟出土的凤鸟纹绣正是这一路线的佐证，其意义十分重大。（赵丰）

[1] 湖北省荆州地区博物馆，1985，第 61 页。
[2] 鲁金科，1957，第 37—48 页。

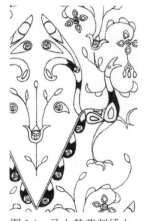
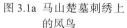
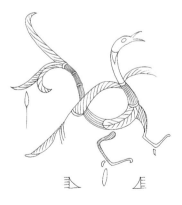

图 3.1a　马山楚墓刺绣上的凤鸟　　图 3.1b　纹样复原图

3.2 "延年益寿大宜子孙"锦鸡鸣枕

东汉　平纹经锦
长 50 厘米，宽 9 厘米，高 13.5 厘米
新疆尼雅 1 号墓地 1 号墓出土
新疆维吾尔自治区博物馆藏（XB2667）

　　1959 年，新疆维吾尔自治区博物馆在南疆一带进行文物普查和发掘工作时，根据新疆石油局提供的线索于同年 10 月由民丰县向北进入大沙漠，在尼雅遗址附近清理了一个部分已露出沙面的墓葬。这是一座夫妇合葬墓，男右女左，因棺材较小，女的右臂压在男的左臂上。墓中出土了一批以丝绸制成的服饰品，包括袍、袜、裙、裤、手帕等，保存完好。男女墓主人头部还各枕有一个鸡鸣枕，均用"延年益寿大宜子孙"锦缝制而成，此件即为其中之一。此枕因形似同身双首鸡而得名，鸡身即为头枕的部位。鸡首做得非常精细，高冠、尖嘴、圆眼、细颈，用红、绿、白色绢缝制鸡冠和双眼。枕芯为植物的茎叶。这种"延年益寿大宜子孙"锦在当时十分流行，多在绛红色地上以蓝色、白色和棕黄色经线显花，图案以带状和穗状云气纹为骨架，中间穿插龙、虎、豹和禽鸟，并从左到右织入 8 字铭文。除此锦枕外，同墓还出土了用同种面料制成的袜子、手套等（图 3.2a）。[1]（徐铮）

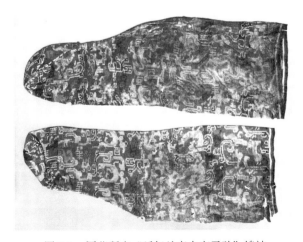

图 3.2a　同墓所出"延年益寿大宜子孙"锦袜

[1] 新疆维吾尔自治区博物馆，1960，第 9—12 页。

3.3 "世毋极锦宜二亲传子孙"锦手套

汉晋　平纹经锦
长 35.5 厘米，宽 15 厘米
新疆尼雅 1 号墓地 3 号墓出土
新疆文物考古研究所藏

此手套四指合并，指部分别以红、白色绢制成，腕部为"世毋极锦宜二亲传子孙"锦。锦为 1∶1 平纹经重组织，蓝黄两色，经密 120 根 / 厘米，纬密 32 根 / 厘米，幅宽 44 厘米，幅边 1.5 厘米。图案经向循环 2 厘米。此锦与楼兰所出蓝黄两色的"续世锦"非常相似，波浪形的图案还用于各种其他装饰，被视作是简化了的云气纹锦。

波纹图案其实是云气纹的一种极简的形式，在汉代十分流行。同类纹样在尼雅、楼兰遗址中也属常见，时而还有汉字铭文。在楼兰出土的文物中就有织入"续世锦"铭文的蓝黄色波纹锦。[1] 这类"宜二亲""传子孙"铭文多见于汉晋时期的砖雕和铜镜，织锦也不例外。（赵丰）

[1] 黄能馥，1986，第 90 页。

3.4　河内修若东乡杨平缣

汉晋　缣
长 13.5 厘米，宽 4 厘米
新疆尼雅 1 号墓地出土
新疆文物考古研究所藏

　　此件织物为平纹组织，有一侧幅边。织物上的墨书说明了它的产地，河内郡在今河南黄河以北地区，修若在《汉书》上无法找到，也可能就是《汉书》所载的"修武"。

　　缣从文字上看，应该是一种纬重平织物，《释名·释采帛》："缣，兼也，其丝细致，数兼于绢，染兼五色，细致不漏水也。"《说文》："缣，并丝缯也。"一般人们据此认为缣是一种双丝而织的重平组织。但从此件杨平缣来看，经密 80 根 / 厘米，纬密 40 根 / 厘米，只是一般较为细密的绢。缣的名称在当时出现甚多，古诗《上山采蘼芜》："新人工织缣，故人工织素。"此外，在甘肃敦煌汉塞遗址曾出土过一件丝织品，上有墨书："任城国亢父缣一匹，幅广二尺二寸，长四丈。"[1]任城在今山东济宁市内，是当时丝绸生产的重镇。此件河内修若杨平缣的产地与年代均与任城的相近，且名称均称为缣，可见称细密平纹丝织品为缣是当时的一种习惯。（赵丰）

[1] 罗振玉、王国维，1914，第 43 页；吴礽骧，1991，第 210 页。

3.5 茱萸纹锦覆面

汉晋　平纹经锦
长 62 厘米，宽 58 厘米
新疆尼雅 1 号墓地 3 号墓出土
新疆文物考古研究所藏

　　汉式织锦大多以云气动物纹为图案，其中唯一以植物为题材的例外就是茱萸锦。茱萸是一种落叶乔木，三月开花红紫色，至夏天结实似椒子，成熟后开裂，实中之籽极为香烈，人们在九月九日重阳登高时佩以辟邪。因此，当时织物上的一种三瓣裂叶形的纹样很可能就是茱萸纹，以茱萸作为织物纹样也带有吉祥辟邪的意义。

　　此件茱萸锦原是一件覆面，覆面三边缝有红绢，两角绢端缀有两根绢带。茱萸锦采用 1 : 3 的平纹经重组织，以白色为地，红、蓝、灰绿和浅橙四色显花，这类织锦虽然在总体上也有五彩，但其中灰绿和浅橙两色分区交替，即织物任一区域内只有四种色彩。茱萸纹作三裂叶形，并有卷曲的枝蔓和几何状的枝干相连。织物幅宽 45.3 厘米，经向循环为 4 厘米，纬向在视觉上看有一个半的循环，但事实上还是通幅循环。

　　最早可定为茱萸纹的丝绸实物发现于马王堆汉墓，共有三件，分别由织、绣、印绘三种工艺制成。其深红色的茱萸锦上显示的是果壳、籽和枝的结合；茱萸纹绣的形状最为清晰和写实；还有一件蔓草花卉纹的印花敷彩纱采用的也应是茱萸纹。茱萸纹锦在楼兰也有发现，纹样基本相同，只是楼兰出土的采用红色作地。直到十六国时期，后赵石虎织锦署中生产的织物中还有茱萸锦的名称，可见其流行的持久。（赵丰）

3.6 红蓝色菱格纹丝头巾

汉晋　双层斜编
长 186 厘米，宽 25 厘米
新疆尼雅 1 号墓地 3 号墓出土
新疆文物考古研究所藏

　　该丝巾原用于女主人裹头。图案由蓝色、红地蓝纹和蓝地红纹三种菱形排列构成，每横排四个菱形块，菱形块内填充连续三角纹和几何纹。以地色和纹样的大小调整表面色彩。用 720 根蓝色、240 根红色丝线以双层组织表里换层斜编而成，最后形成蓝红方格交错的效果。每平方厘米中各有相互垂直的丝线 32 根。

　　斜编织物出现甚早，但双层有图案的斜编织物似乎只有中国有，而且早在战国时期已经出现，湖北荆州马山一号楚墓中就出土了一件。汉晋时期，这类织物传入中国西北地区，在河西走廊武威磨咀子（cat. 2.22）和新疆营盘等地多有出土。但这是目前所知最宽的斜编织物，图案和结构虽然简单，但宽度如此，亦属罕见，极为珍贵。（赵丰）

3.7 "元和元年"鹿纹锦

东汉　平纹经锦
长 55 厘米，宽 12 厘米
新疆尼雅 N14 西北部古墓出土
和田地区博物馆藏

　　"元和元年"织锦，为锦囊的主体部分，囊袋为长方形，长 12 厘米，宽 5.5 厘米，有长 42 厘米的白绢提带，口部有襻，穿有束口绢系带两条，一为白色，一为淡青色。袋口镶锦边，袋身前后用两块锦缝缀：一块是有幅边的蓝地三重锦，幅边宽 0.9 厘米，织锦为红、白二色显花；另一块为绛地锦，白、蓝、绿三色显花，可见织出的"长"字的下半部分。袋身下部两面为"元和元年"经锦缝缀而成。织锦蓝地，白、绿、黄、红四色显花，纹样为有翼梅花鹿。"鹿者，禄也"，在汉代鹿被视为瑞应，因此在此类云气动物纹锦中十分常见。鹿的上部织有隶书"元和元年"文字，下部为左右对称的弧形云纹。花纹循环为 8 厘米，经密 168 根 / 厘米，纬密 19 根 / 厘米。

　　此件织锦 1998 年被盗掘出土，后被追缴，经实地确认出土于编号为 N14 西北部一区被盗掘的古墓中。织锦上织出的"元和元年"，即东汉章帝元和元年（84），这是目前发现唯一有纪年的织锦。
（于志勇）

3.8　绛地环璧兽纹锦

汉代　平纹经锦
长 32.5 厘米，宽 9.3 厘米
新疆洛浦山普拉墓地出土
新疆文物考古研究所藏

　　此件织物以平纹经重组织织造，在红色经线地上以蓝、白、棕等色经线显花，在织物一侧残留有幅边。虽然残留下来的面积不大，但可以看到其图案骨架由粗犷的涡状卷云构成，骨架间填带有不同的主题图案。最近幅边处似为一鹿，四足立于地，鹿之左的骨架中则以一璧一兽面的主题图案排列。兽面作为丝绸图案早在殷商时期的刺绣上就已出现，汉代史游《急就篇》中提到当时的织锦图案就有"豹首"，颜师古认为"豹首，若今兽头锦"。在考古中发现的此类实物也不少，兽头常与其他纹样一起出现，有时也是云气动物纹锦中的一种特殊图案，如本次展览展出的营盘出土的兽面龙纹锦、尼雅出土的云气动物纹绮、楼兰出土的兽头纹绮等。

　　而璧则是中国古代重要的礼器之一，此件织物上所见的璧其上以蓝色经线织出圆点装饰纹，似为谷纹璧一类。璧的上部还有以蓝色和棕色经线织出的绶带图案，似连未连，这种图案是对春秋战国至秦汉时期盛行的连璧制度的一种反映。近年考古所见，在春秋战国时期楚国或楚系墓葬如湖北包山 2 号楚墓、沙冢 3 号楚墓等中均可见用组带将玉璧系在棺外头挡处的情况，这种饰璧或连璧制度虽不见于礼书的直接记载，但见于子书。如《庄子》中载："庄子将死，弟子欲厚葬之。庄子曰：'吾以天地为棺椁，以日月为连璧……吾葬具岂不备邪？'"所说即此。这种制度在汉时被沿用下来，《后汉书·舆服志上》载："大行载车，其饰如金根车，加施组连璧交络四角。"可见在秦汉人心中，玉璧即为天门的标志，汉武帝所建建章宫"其南有玉堂、璧门"，而其正门"阊阖"的原意即指"天门"。所以在棺上装饰连璧，以玉璧作为象征灵魂出入的门户，有利于死者灵魂的转生[1]，因此也不难理解为何在以神仙灵异为主题的云气动物纹锦中出现璧和连璧的图案了。

　　饰棺连璧制度在东汉晚期开始消失，但此类图案的织物似乎在魏晋南北朝时期仍然十分流行，魏文帝曹丕在《与群臣论蜀锦书》中提到："自吾所织如意虎头连璧锦，亦有金薄蜀薄，来至洛邑，皆下恶。"认为天下闻名的蜀锦尚不如他自织的如意虎头连璧锦好，《玉台新咏》载南朝梁简文帝萧纲《娈童诗》中也有"袖裁连璧锦，笺织细种花"之句，来形容美少年的风采。（徐铮）

[1] 黄凤春，2001，第 60—65 页。

3.9 缀金珠刺绣织物残片

6 世纪前后　绮　绢　钉珠绣
长 25 厘米，宽 13 厘米
新疆昭苏波马土墩墓出土
伊犁哈萨克自治州博物馆藏（XY0466）

由两片织物拼缝在一起。大片为红色菱纹绮，背衬本色假纱，其上钉缀表面圆弧、背有小纽的金泡饰，构成四方连续的团窠及团窠中的四瓣花纹，在四瓣花周围和团窠间以锁绣法绣出忍冬、小型四瓣花底纹，然后在底纹上满钉珍珠，每隔一珠钉一针。小片为褐色绢，背衬本色绢，其上采用同样的缀金、珠绣工艺，构成相对的两组塔形纹，塔纹中部填曲线几何纹（图 3.9a）。我国文献中常见显贵着"珠服""珠襦"的记载，这件由中原传入北疆草原的缀金珠刺绣织物，是当时华贵的衣料，其纹样与同时期中原锦、绮纹样风格一致。（李文瑛）

图 3.9a　纹样复原图

3.10 "富昌"锦残片

6 世纪前后 平纹经锦
长 36 厘米，宽 18 厘米
新疆昭苏波马土墩墓出土
伊犁哈萨克自治州博物馆藏
（XY0468）

平纹经锦，黄地，红、绿、深褐色经线显花。显花经线按花纹内容分区换色排列，凡有动物所在区域均为黄、红、绿三色显花，无动物区域则只有黄、褐两色。纹样为汉式云气动物纹，其间织入"富""昌"铭文。云气动物纹兴起于西汉中晚期，流行于东汉魏晋时期。北疆草原的这一发现，当是汉式锦延续使用时代最晚的实例。（李文瑛）

3.11 方纹绫残片

6 世纪前后 暗花绫
长 33 厘米，宽 15 厘米
新疆昭苏波马土墩墓出土
伊犁哈萨克自治州博物馆藏
（XY0469）

黄色，经纬线均加捻，经密 24 ～ 27 根 / 厘米，纬密 24 ～ 26 根 / 厘米。属同单位四枚异向绫，以 3/1 左斜纹和 1/3 右斜纹互为花地，织出六道窄条纵横垂直相交，形成满幅规则整齐的方纹。（李文瑛）

3.12 营盘男尸

汉晋　罽　绢　绵绸　绮　锁绣
身长 182 厘米
新疆尉犁营盘墓地 15 号墓出土
新疆文物考古研究所藏

　　墓主人为成年男性，身材高大，独自葬在一具彩绘木棺中，棺上覆盖彩色狮纹栽绒毛毯。墓主人面罩人面形麻质贴金面具，衣着鲜艳如新、华丽奇特。其上身穿红地对人兽树纹罽袍，贴身穿素绢套头长袍，领口、胸前贴有米色相衬的贴金花边，下身穿绛色菱格花卉纹丝绣长裤，足蹬绢面贴金毡袜。腰间系带，上挂贴金香囊、帛鱼，胸前及左腕处各放一件丝质冥衣，左臂肘部系一蓝绢刺绣护膊，头下枕"绮上加绣"的鸡鸣枕。墓主人棺具、服饰规格高，葬俗独特，反映其生前可能有着不同寻常的身份、地位。营盘墓地所在聚落，是丝路"楼兰道"上的一处交通重镇。以15 号墓出土服饰为代表的文物珍品，汇聚了西域当地与东西方不同的文化因素，再现了丝绸之路多元文化的交流与融合。[1]

对人兽树纹罽袍

　　衣长 117 厘米，通袖长 193 厘米。交领、对襟，穿着时左襟略掩右襟，胯部两侧开衩。

　　袍服主面料为人兽树纹罽，采用双层组织，红、黄两色经纬以平纹交织，形成两面花纹相同、花色互异的效果。经密 14×2 根/厘米、纬密 44×2 根/厘米。经拼对，织物规格大致为匹长 154 厘米，幅宽至少 160 厘米左右，应是中亚地区毛织物"张"的规格之一。纹样设计规整，经向两区纹样对称分布，每区经向 77 厘米，各区由六组以石榴树为轴两两相对的裸体人物、动物（羊、牛）组成，纬向以二方连续的形式对称循环至通幅。图案中树下对兽的纹样形式在波斯装饰题材中常见，裸体人物表现的是古典希腊艺术

或犍陀罗艺术中爱神厄洛斯的形象。这件人兽树纹罽的艺术、技术特征显示，它可能来自中亚的大月氏－贵霜王国。

在袍服左襟边缘，接缝一块裁成长三角形的花树纹罽，经向存 15 厘米，纬向存 50 厘米，采用平纹纬二重组织，红色地上，以绿、深黄、浅黄以及黄绿杂色织出对波骨架，内填不同样式别致的花树。这件织物纬线排列讲究渐次晕色，同时花树的花心部分采用独特的挖花技法，同一纬向的花心分别使用黄、蓝两色彩纬，以达到色彩丰富的效果，工艺上极有特点。

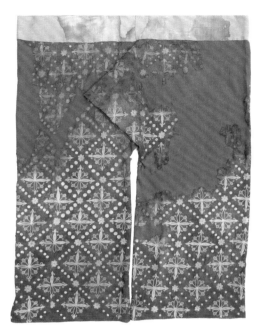

绛色菱格花卉纹丝绣长裤

裤长 115 厘米，合裆，裤腿肥大，长至脚面。面料为绛紫色绢，经纬丝线均加 Z 捻，以淡黄、湖蓝、红、粉绿等色加 Z 捻绣线，锁绣满铺菱格填花纹样。经鉴定分析，这件刺绣裤面料，可能是将中原丝绸拆除，再用于当地重新纺线织制而成。所用绣线则为新疆地产绵线。

冥衣

身长 22.2 厘米，袖长 11.4 厘米。上下分裁，圆领、右衽、直裾。夹衣，以蛋青色、淡黄色绢为面，浅黄色绢作里，中絮羊毛。领、襟、袖以绛紫色绢缘边，下裳两侧加窄长三角形红绢，领口、两襟、腰部内外两侧都缝有用于系扎的绢带。本件冥衣出土时置于男尸胸部，是专门为"供死者在另外一个世界享用"所做的冥服，其样式模仿了现实生活中的同类服饰。

鸡鸣枕

长 46 厘米，高 8 厘米。面料为淡黄色对禽对兽兽面纹绮，其上以锁绣法满绣四方连续的蔓草纹。枕两端下垂，缝红绢饰，下缀一枚珍珠。枕面两侧缝有绢带，系扎在死者前额上。枕面纹绮，采用汉代流行的"汉绮组织"。同类图案风格的织物，在叙利亚帕尔米拉，我国长沙的马王堆、新疆楼兰等地都有出土。

刺绣护膊

长方形，长 14 厘米，宽 8 厘米。用两块色彩、纹样相同的刺绣绢拼缝而成，周缘以淡黄色绢镶边，四角各缝缀一条淡黄色绢带，绕系在死者左臂肘部。绢地蓝色，上用土黄、姜黄、棕、深绿等色丝线，以锁绣法绣出蔓草纹样。此件与尼雅精绝王墓出土的著名"五星"锦护膊形制相同，可能具有某种象征意义。（李文瑛）

[1] 新疆文物考古研究所，1999，第 4—16 页。

3.13 长袖绢袍

东汉　绢
衣长 137 厘米，通袖长 168 厘米
新疆楼兰 LE 北壁画墓出土
新疆文物考古研究所藏

这件绢袍原应穿着在死者身上，清理时发现已被人为撕成数片，仅存右襟、左襟上半部及小部分后背。经初步除尘、去污、拼对，可见其形制为单层，交领，右衽 [1]，长袖。上衣下裳分裁，下部自髋部左右两侧向下开衩，衩部以红、白色绢镶缘。胸部领襟两侧各拼缝一道竖条红绢。右襟为里襟，里襟下裳部分的表面竖向缝缀一端相连的 6 片绢片，并在底缘上纵向装饰绿、黑、紫、浅蓝、红色相间的三角形贴绣，三角的缘边上贴圆形金箔。里襟腰部襟缘处缝缀一条系带。通过分析检测发现绢袍使用的面料纤维为桑蚕丝，平纹结构，织物密度为本色绢经密 46 根 / 厘米，纬密 49 根 / 厘米。染料采用茜草、黄檗、靛蓝。（康晓静）

[1] 此图里襟在上。

3.14 长袖短衣

东汉　绢
衣长 53 厘米，通袖长 153 厘米
新疆楼兰 LE 北壁画墓出土
新疆文物考古研究所藏

　　此件短衣为 2003 年新疆文物考古研究所对楼兰 LE 北壁画墓进行抢救性发掘时，在墓室周边搜寻发现的，疑为盗墓者遗失所致。

　　整件服装的保存情况较差，其中衣领部分保存较好，以本白色素绢制成，形制清晰，为交领，领襟底部已残，长出衣身摆缘约 10 厘米。衣身的主体部分以姜黄色素绢制成，其中袖子部分为单层，左袖残破严重，右袖保存相对完整，根据衣服的对称式结构，推测其两袖通长约为 201 厘米。衣身前片有明显的收腰设计，部分残留有衬里，残破严重，可能为褐色绢与碧色绢拼缝而成。前片衣身与左右袖子相接处，由肩至腰部均有一宽约 5 厘米的绯色绢条。此外，在近领襟部分左右还各拼缝有一条宽约 3.3 ～ 3.5 厘米的褐色绢条。衣身的后片则在中缝处分裁成两片，以宽约为 5 厘米的绯色绢条连接。在右衣片领襟内侧还缝有长约 27 厘米的系带一根，虽然左衣片的系带已残失不存，但仍可推测出此为一件右衽衣[1]。

　　类似的服装在新疆及甘肃地区也有出土，如尼雅 1 号墓地出土的东汉绢袍（M3:45）及本次展览展出的出土于甘肃花海 26 号墓的碧襦等，与此件短衣在领、袖、采用拼缝绢条进行装饰等方面有共通之处。据研究人员推测，此件短衣的原状有两种可能：一是如尼雅出土的绢袍，为交领右衽长袖袍，袍摆长及膝或过膝，相似的穿着方式在此壁画墓前室壁画中也可见到；另一种为交领右衽长袖襦，与花海所出者类似，下摆仅过臀，穿着时与裙套穿，这种襦裙搭配的穿着方式在甘肃酒泉丁家闸魏晋壁画墓中有所印证。[2]（万芳、徐铮）

[1] 此图里襟在上。
[2] 包铭新，2007，第 29—30 页。

3.15 兽面龙纹锦

汉晋　平纹经锦
长 50 厘米，宽 14.5 厘米
新疆尉犁营盘墓地出土
新疆文物考古研究所藏（99BYYM23:3）

　　此件平纹经锦于 1999 年出土于营盘 23 号墓，采用 1∶2 平纹经重组织织造，以蓝色经线为地，黄和浅蓝两色经线显花，图案不分色区。经密为 160 根 / 厘米，纬密为 16×2 根 / 厘米，图案经向循环约为 8.3 厘米。相同的织物在营盘墓地共出土有两片残件，但已不能拼接，其图案骨架由粗犷的涡状卷云构成，骨架间填带有双足的兽面纹和对称的龙纹。于志勇认为此种兽面纹可能是蜷伏的狮豹纹样，狮纹以面部为中心，左右对称，类似的图案也见于诺因乌拉墓地、尼雅遗址 95MNI 号墓地、和田山普拉墓地出土的织物上。在其中较大一片的兽面头部后两侧，有织出的规则排列的字母字符，呈对称状分布；较小的一片上隐约可见织出的"王""羊"（或"羌"）等汉字，同时还有对称织出的胡语字母字符 3～4 个。据专家研究，这些字母应是曾流行于当地的佉卢文字。[1]

　　佉卢文是一种死文字，又名"佉卢书""佉楼书"，起源于古代犍陀罗地区，是梵语"佉卢虱吒"一词的简称，意为"驴唇"，相传为古印度一位叫"驴唇"的仙人创造，因而得名。之后向东传播到塔里木盆地南部的于阗、鄯善等国境内。近年来，佉卢文经卷、文书、题记、碑铭和钱币等在塔里木盆地的和田、尼雅、楼兰、库车，河西走廊的敦煌以及河南洛阳地区屡有出土，其流行时代在公元 2—4 世纪左右。[2] 在尼雅和山普拉等地出土的丝绸上也有佉卢文墨书被发现，但像此件织锦将汉文和佉卢文一并织出的，仍为仅见，这也是丝绸之路上中西文化相互交融的一个明证。（李文瑛、徐铮）

[1] 于志勇，2003，第 38—48 页。
[2] 少山，1990，第 26—28 页。

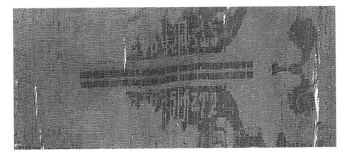

3.16 红地"登高"锦

汉晋　平纹经锦
长 38.5 厘米，宽 4 厘米
新疆尉犁营盘 20 号墓出土
新疆文物考古研究所藏（95BYYM20:4）

此件织锦原为褐襦两襟的缘边，采用 1：2 平纹经重组织织造，以红色经线为地，其上以蓝、黄、绛紫三色经线显花，其中蓝色和绛紫色经线分区交替织入。经密为 60×3 根 / 厘米，纬密为 44 根 / 厘米，图案经向循环约为 3.5 厘米。

织物的图案为汉晋时流行的云气动物纹，因为锦带较窄，只残有"登高"二字及飞禽的后半部分。相同的织锦在楼兰高台遗址也曾有出土，但地色为蓝色，完整的铭文为"登高明望四海贵富寿为国庆"（图 3.16a）。"登高锦"之名在当时的文献中十分常见，如东晋陆翙《邺中记》中记载后赵石虎织锦署生产的"锦有大登高小登高等名，工巧百数，不可胜计也"；梁简文帝在《谢敕赉魏国所献锦等启》中称赞魏地织锦，云："登高之文，北邺之锦犹见"；北周庾信的《周谯国公夫人步陆孤氏墓志铭》中则记："邺地登高之锦，自濯江波；平阳采桑之津，躬劳蚕月"。这些文献中的登高锦均与邺城（曹魏时称魏郡，即今河北临漳县）相关。邺城由曹魏开创，其后的后赵、冉魏、前燕、东魏、北齐先后以此为都城，是北方的政治中心，也是百伎千工荟萃之地、商贾名流云集之所，大量粟特、波斯商人经草原路或柔然 – 突厥道来往于邺城与西域之间，贩卖丝绸及其他商品。西魏废帝二年（553），凉州刺史在武威拦截自北齐返回西域的商队，有"商胡二百四十人，驼骡六百头，杂彩丝绢以万计"，可见其规模之大。因此，此件织物也可能即为邺地所产，由商人贩卖至西北地区。（李文瑛、徐铮）

图 3.16a "登高明望四海贵富寿为国庆"锦

3.17　红地水波纹刺绣

汉晋　绢地锁绣
长 53 厘米，宽 38 厘米
新疆尉犁营盘墓地出土
新疆文物考古研究所藏（99BYYM18:18）

　　这是一个枕头面料，原枕内充有粟粒，枕头的两头缝有红色绢片，似仿鸡鸣枕。所用枕料为大红色平纹毛织物，用黄色、豆绿色毛线绣出一排排整齐的波浪纹。此件织物所用经纬线、绣线，经检测均为加有 Z 向强捻的绵线，当为新疆当地所产。刺绣水波图案，则与汉式织锦纹样中的变体如意云纹风格接近。（李文瑛）

3.18 蛾口茧

唐宋　茧
长 3 厘米，宽 1.5 厘米　长 3 厘米，宽 1.5 厘米
新疆巴楚托库孜萨来遗址出土
新疆维吾尔自治区博物馆藏（XB7761）

托库孜萨来遗址位于新疆巴楚县城东托和沙赖塔格北山南麓，遗址年代上限可早至汉代，盛于唐，遗址处于汉唐西域的南、北道间，内涵丰富，是古丝绸之路上极具历史、考古价值的文化遗址。该蛾口茧于 1959 年出土于托库孜萨来古城的唐代遗址中，保存完好，光泽犹存，给我国西部地区丝织工艺的历史增添了新资料。[1]

蚕在营茧之后，蛹体未能及时杀死，羽化为蛾从破口处穿出即成蛾口茧。蛾口茧无法缫得长丝，只能制成丝绵加捻形成绵线用于织造。关于用绵线进行丝绸生产的记载在吐鲁番文书中可见，如《高昌永康十年（475）用绵作锦绫残文书》："须绵三斤半，作锦绫"[2]。该蛾口茧印证了唐宋时期新疆当地采用丝绵作经纬线生产锦绫等丝绸的事实，反映了当地丝绸业的起源和发展，也说明了蚕桑生产技术及蚕种自东向西沿着丝绸之路传播的事实。

斯坦因在和田附近丹丹乌里克遗址发现的传丝公主画板，用绘画的形式记录了当地丝绸业起源及发展的故事。其所据的典故在《大唐西域记》中有着详细的记载："昔者此国未知桑蚕，闻东国有也，命使以求。时东国君秘而不赐，严敕关防，无令桑蚕种出也。瞿萨旦那王乃卑辞下礼，求婚东国。国君有怀远之志，遂允其请。瞿萨旦那王命使迎妇，而诫曰：'尔致辞东国君女，我国素无丝绵桑蚕之种，可以持来，自为裳服。'女闻其言，密求其种，以桑蚕之子，置帽絮中。既至关防，主者遍索，唯王女帽不敢以验。遂入瞿萨旦那国，止麻射伽蓝故地，方备仪礼，奉迎入宫，以桑蚕种留于此地。"正因为蚕种的来之不易和蚕种本身的稀少，再加上新疆一带信奉佛教不杀生的传统，因此，新疆当时没有像内地一样煮茧缫丝以抽取长长的丝线，而是任凭蚕蛹在化蛾之后破茧而出，只是采集蛾口茧进行纺丝织绸。"王妃乃刻石为制，不令伤杀。蚕蛾飞尽，乃得治茧。敢有犯违，神明不祐。"[3]

蛾口茧的发现在新疆共有两例，一在尼雅遗址，年代应为汉晋之际[4]，另一则为本例，年代为唐宋时期，说明这一传统延续甚久。（周旸）

[1] 新疆维吾尔自治区博物馆，1973，第 7—27 页。

[2] 唐长孺，1981，第 7 页。

[3] 玄奘、辩机，1985，第 1021—1022 页。

[4] 赵丰、于志勇，2000，第 44 页。

3.19 葡萄瑞兽纹刺绣

北凉 绢 劈针绣 平绣
长 19 厘米，宽 12.3 厘米
新疆阿斯塔那 177 号墓出土
新疆维吾尔自治区博物馆藏（XB10301）

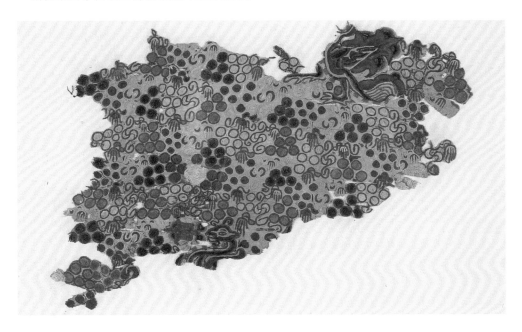

吐鲁番阿斯塔那 177 号墓是一个极为重要的墓葬，墓中出土一男一女两具棺材，同时还出土砖质沮渠封戴墓表和木质追赠令一块。从墓表和追赠令来看，沮渠封戴是北凉时期迁都高昌之后北凉王朝的王室成员，他死于承平十三年（455），生前官居冠军将军、凉都高昌太守都郎中，是当时北凉的重臣。[1]

沮渠封戴墓中出土了不少丝织品，这也是吐鲁番阿斯塔那墓地出土丝织品较早的墓葬之一，其织物品类等级较高，其中有藏青地禽兽纹锦、红地对鸟几何纹锦、红黄双色织锦、鸟兽纹刺绣针衣，以及这件葡萄瑞兽纹刺绣。

葡萄瑞兽纹刺绣原应是一件较大的绣衾，残片较多。它以绢作地，上用蓝、棕、红、白、紫等色丝线，以劈针针法绣出密密的纹样，葡萄之中采用的是平绣。地纹用大面积的圆点绣出类似葡萄的纹样，但在其中还可以看到蔓草、茱萸等纹样。刺绣的主题纹样应该是祥禽瑞兽，但目前所剩均不完整。从总体布局来看，位于上面的应该是凤鸟（或朱雀）的下半部分，残存两足、凤尾，位于下面的应是一只凤鸟，有翅（图 3.19a）。每个主题纹样的大小约为宽 5 ～ 6 厘米，高 3 ～ 4 厘米，其循环规律应为二二错排。可能是因为现有刺绣已经扭曲，所以主题纹样的位置无法完全复原。（赵丰）

图 3.19a 纹样复原图

[1] 新疆文物考古研究所，2000，第 84—167 页。

3.20 联珠胡王锦

北朝　平纹经锦
长 16.5 厘米，宽 14 厘米
新疆阿斯塔那 169 号墓出土
新疆维吾尔自治区博物馆藏（XB17279）

此锦出自吐鲁番 169 号墓，与 170 号墓相邻，同属张氏家族墓。此墓为双人合葬墓，一男一女，男性有墓表随出，从墓表可知，男性主人名张遵，生前曾任高昌国侍郎，迁殿中将军，死于高昌建昌四年（558）四月，死后追赠凌江将军、屯田司马。[1] 墓中同时还出同年《建昌四年张孝章随葬衣物疏》一份，说明孝章是张遵的法名，是一个佛教徒。另有《延昌十六年（576）信女某甲随葬衣物疏》一份[2]，显然属于张遵的妻子，可知她死于丈夫之后 18 年。此墓出土了大量丝织品，从报告来看达 33 件之多，其中包括大量织锦，大多属于经锦，如胡王牵驼纹锦、绿地凤花纹锦、兽纹锦、树叶纹锦等，但也有平纹纬锦的吉字纹锦（参见 cat. 4.8）。

此件胡王牵驼纹锦以传统的平纹经重织成，其图案骨架由若干个圆圈相切形成，其圆圈似由两根绳加捻而成。圆圈外为十样小花纹样，较为简洁。此件织物残存圆圈中的纹样基本以黄色为地，绿色显花，红色勾边。其主题为牵驼人物，一正一倒的两个牵驼形象，正如商人牵驼来到一泓清泉边，清澈的泉水映出了完整的人形。织物上还有"胡王"二字。由于丝绸之路沿途总是黄沙漫漫、戈壁茫茫，极少有流水和绿洲，因此，骆驼担负起东往西来运输的主要任务，被人们称为沙漠之舟，其形象也在同时的壁画、砖雕和唐三彩等艺术作品中可以看到。

从圆圈的直径与当时经锦幅宽为 40 ～ 50 厘米来推测，一个幅宽中应有 4 ～ 6 个圆圈。与胡王牵驼圈相邻的圈内可以看到有狮的形象，是以浅米色为地，橘黄色显花，蓝色勾边。同类织锦在吐鲁番还有不少出土，从这些织锦的图案中可以推测，其相邻的圆圈内可能的主题还会有大象或驯象师、佛像及菩萨（图 3.20a）。[3] 青海都兰出土的织物虽然没有完全相同的织物，但也可以看到有以对波形为骨架，内填牵驼、走象、蹲狮等类似主题纹样的织物。[4]

将这一织物的纹样排列与太阳神锦及联珠对饮人物纹锦比较，可以看出其纹样方向的不同。此织锦的纹样方向与经线方向相同，当图案沿经线方向循环时纹样出现足足相对或是头头相对的循环，这一循环方法是我国较为传统的习惯。（赵丰）

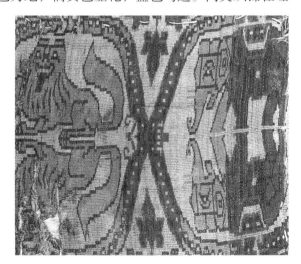

图 3.20a　吐鲁番出土的狮象锦

[1] 新疆文物考古研究所，2000，第 84—167 页。

[2] 穆舜英，2000，第 282 页。

[3] 武敏，1984，第 70—80 页。

[4] 赵丰，1999，第 104—105 页。

3.21 天青色楼堞纹绮

麹氏高昌　绮
长 70 厘米，宽 51.6 厘米
新疆阿斯塔那 170 号墓出土
新疆维吾尔自治区博物馆（XB10300）

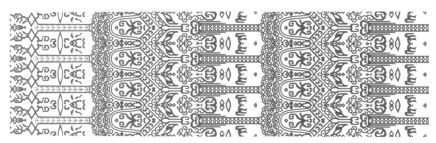

图 3.21a　纹样复原图

阿斯塔那 170 号墓位于吐鲁番阿斯塔那墓地北区中部，1972 年年末，由新疆维吾尔自治区博物馆考古队和吐鲁番县文物保管所共同组成的考古工作队对其进行了清理发掘。该墓为麹氏高昌时期斜坡墓道洞室墓，葬有一男二女，三人皆仰身直肢。

该墓虽遭严重盗扰，但仍出土了一批颇具研究价值的文物，包括墓表、文书、丝织品及少量日用器物等。据墓表及相应衣物疏，170 号墓最早入葬者为张洪妻焦氏，死于高昌章和十三年（543）。张洪妻焦氏，法名孝姿。焦氏死后五年，即高昌章和十八年（548），张洪的第二任妻子光妃亦同葬此墓。而最后入葬者为张洪，死于高昌延昌二年（562），后追赠振武将军。

170 号墓中出土的丝织品大部分可以判断其原来的款式，如覆面、褥、手套、上衣、裤、裙、枕、褥等，其中大部分可以通过保护修复后得到较为完整的形状与尺寸。出土丝织品种类十分丰富，包括平纹经锦、平纹纬锦、绮、纱、绢等。锦和绮的图案相当复杂，包括树叶纹锦、吹奏人物纹锦、彩条纹花卉大王锦、对波云珠龙凤纹锦、红地人面鸟兽纹锦、绿地对羊纹锦等；绮则有黄色石柱联珠纹绮、天青色楼堞纹绮、褐色大窠联珠狮纹绮、紫色楼堞立人对龙纹绮和黄色龟背纹绮等。

根据同墓出土随葬衣物疏和其他的纺织品推测，此残片可能是某件被褥的面料。它以平纹作地，并丝织法织成的变化斜纹显花。图案骨架包括两排同向的卷云楼堞纹，卷云两层，叠成拱形，楼堞内外置看不清具体种类的动物或植物（图 3.21a）。

楼堞锦一名最早见于《大业拾遗记》，书中曾记载周成王时有"楼堞锦"，说其为周成王显然有误，但此书成于隋代，十分有可能就是涡云式云气动物纹锦的反映。而楼堞或层楼的结构设计则可能是受了西方柱式和拱券建筑造型的影响，这从罗马斗兽场的造型和楼堞纹之间的相似性中就可以看出。（王乐）

3.22 绿地对羊纹锦覆面

麹氏高昌　平纹纬锦
长 34.5 厘米，宽 26.5 厘米
新疆阿斯塔那 170 号墓出土
新疆维吾尔自治区博物馆藏（XB10293）

覆面出土时置张洪头部，保存相对较好，为随葬张洪衣物疏中所指"右面衣一颜"。在死者面部覆盖一块丝织物是当时阿斯塔那的墓葬习俗，170 号墓共出土覆面五件，其中一件树叶纹锦覆面（TAM170:38）出土时覆于孝姿面部，以树叶纹锦为锦芯，四周以白绢作边。其出土位置、基本特征均可与孝姿衣物疏中所列"树叶面衣"相对应。

该覆面以绿地对羊纹锦为芯，四周以白绢作荷叶边，部分已残，边宽 11～13 厘米。绿地对羊纹锦采用的是平纹纬锦的组织结构，绿色为地，对羊图案主体为白色。其羊身形矫健，四腿修长，头部长有两只弯曲的角，颈部则系有绶带，随风向后飘成三角形。但在羊体上和羊腿上各有三条红色的色带，其中羊体上的红色色带使得这件织锦在局部必须采用纬线 1：2 纬重组织。不过，

这种红色的点缀色泽对比强烈，增加了织物的艳丽感。

　　这类平纹纬重组织是典型的西域本地技术，其无骨架的对称排列也被看成是西域一带的织锦图案排列方法，一直沿用到唐代中期。大量被认为是中亚织物的斜纹纬锦如对鹰、对饮水马等织锦的图案大多也是沿纬向方向展开，左右对称。绿地对羊纹锦采用了西域特有的图案循环方式，很可能是新疆当地的丝织产品。（王乐）

3.23　黄色联珠龙纹绮

唐代　绮
长 25 厘米，宽 21 厘米
新疆阿斯塔那 221 号墓出土
新疆维吾尔自治区博物馆藏（XB10363）

图 3.23a　双流县折调细绫题记

联珠对龙纹可能是联珠纹中国化的另一集中表现。这件出自吐鲁番阿斯塔那 221 号墓张团儿墓中的联珠龙纹绮以双层联珠作团窠环，环外以十样花作宾花，而环内则是主题纹样对龙。龙躯弯曲得非常夸张，后两足顶天，前两足腾起，形态十分矫健。两龙之间用直条的联珠柱和莲花座相隔，中间饰以莲花及绶带，头上又顶以莲花。

这类纹样大多出现在平纹地上显斜纹花的绫织物上。另一件出自吐鲁番阿斯塔那 226 号墓的织物在背面有"景云元年折调细绫一匹　双流县　以同官主火愉"的题记 [1]（图 3.23a），说明它产于四川，流行于 710 年前后 [2]，它与文献中"陵阳公样"的形式、年代及产地都非常一致。

这类图案的织物在丝绸之路沿途出土非常多，东自日本奈良的正仓院，西到我国青海都兰、新疆吐鲁番，直到俄罗斯的许多地方，都出土了类似的织物。但美国大都会博物馆收藏的一件双珠对龙纹绫却是采用标准的四枚异向绫，而且在主题纹样中看不到龙头。这说明，当时不仅是中国地区在生产联珠对龙纹织物，而且在一些不熟悉龙这一题材的地区，也开始生产龙题材的织物。[3]（赵丰）

[1] 武敏，1984，第 70—81 页。
[2] 王炳华，2010，第 263—271 页。
[3] 赵丰，1999，第 140—141 页；E. I. Lubo-Lesnitchenko、坂本和子，1987，第 93—117 页。

3.24 绿地印花绢裙

唐代　印花　绢
裙长 25 厘米，腰宽 7 厘米，下摆 41 厘米
新疆阿斯塔那 187 号墓出土
新疆维吾尔自治区博物馆藏（XB10437）

　　此裙 1972 年出土于新疆吐鲁番阿斯塔那 187 号墓，该墓为男女合葬墓，墓中出土《唐（武周）上柱国张某志》。此裙原应为随葬人俑所穿。裙身采用绿地印花绢制成，其上印有大小两种不同的花卉图案，较大的一组以圆形花心为基础，再分别以四出、八出的花瓣基数向外排列，形成一正视的宝花纹样，另一组为四瓣柿蒂花，两组图案间呈二二错排。绿色的裙子在唐代十分流行，其受欢迎的程度仅次于石榴裙，唐诗中就有不少关于绿裙的描写，如"绿罗裙上标三棒，红粉腮边泪两行""杨柳牵愁思，和春上翠裙""秋水莲冠春草裙，依稀风调似文君"等。

　　此裙在款式上则以八幅面料拼缝而成，其中每幅裙幅上都打有细小的褶裥，用以缩小腰围，且褶的方向一致。阿斯塔那墓地所出的另一件瑞花纹印花绢裙与之相似，以六幅面料拼缝而成，裙幅上亦打有同一方向的褶裥，说明唐代人已懂得用在裙腰叠褶这种设计方式来缩减布幅，使其较为符合身体曲线。而这种以多幅面料制成女裙的方式，在唐高宗后期开始流行，女裙至少得用六幅面料，即所谓的"裙拖六幅湘江水"，华丽的则要八幅，即所谓"书破明霞八幅裙"，更为奢华的则达到十二幅，以唐代面料的幅宽推算，实物大小的六幅裙周长可达 300 厘米以上，八幅裙的周长可达 400 厘米以上，形成"坐时衣带萦纤草，行即裙裾扫落梅""东邻起样裙腰阔，剩蹙黄金线几条"的效果，足见裙身的宽大。（徐铮）

3.25 劳动妇女俑

唐代 彩绘陶
高 10.8 厘米、13.5 厘米、8.4 厘米、16 厘米 高 3 厘米，直径 8 厘米
新疆阿斯塔那 201 号墓出土
新疆维吾尔自治区博物馆藏（XB10310、XB10313、XB10315、XB10309、XB10314）

　　这组彩绘劳动妇女俑 1972 年出土于阿斯塔那 201 号墓。墓主人为张君行之母，据随葬的砖质墓志记载，张君行官居当涂校尉，其母亡于唐咸亨五年（674）三月，并于当月下葬于高昌城西北五里处。此组俑生动再现了唐代吐鲁番地区制作烙饼的整个过程：右边第一个女俑身体侧倾，双手握着舂粮棒，正在用力舂粮；第二个女俑跪坐在地上，手里端着簸箕，正在低头簸着粮食；第三个女俑左手轻轻扶着磨盘，右手握着磨把，身体微微倾斜，正在用力转动磨盘研磨粮食；第四个女俑席地而坐，双腿上放着面板，双手正握着擀面杖，头微微倾斜着，正在专心擀面，她身边还放着一只鏊子，上面画着一只圆饼。饼一直以来都是吐鲁番居民的重要食品，在吐鲁番阿斯塔那古墓群中就发现过脱水干化的馕，以及麻花、饺子等食品。

　　阿斯塔那古墓群西距吐鲁番市约 40 千米，南距高昌故城约 2 千米，是晋唐时期高昌地区贵族和平民的公共墓地，至今已清理墓葬近 400 座。墓中所见的绘画有壁画、版画、纸画、绢画、麻布画等多种形式，内容可分为人物画、花鸟画和天文图，并出土数量众多的泥塑木雕俑像、绢花、彩绘陶罐、丝、毛、棉、麻织物等，此外还发现了各种文书 2000 余件，内容广泛，涉及政治、经济、军事、文化等社会生活的各个方面。阿斯塔那古墓群为研究西晋至唐代高昌城居民的经济、文化、民俗等方面的发展、演变，提供了重要的实物资料。

　　在阿斯塔那古墓群出土的大量随葬俑中，像这样以劳动为题材的比较少见。四个女俑的衣着打扮相似，均面涂白色铅粉，梳高髻，额际点有花钿，脸饰红色浓妆，身穿襦衫长裙，并披有帔帛，反映了唐代西域普通妇女爱敷粉、点丹、朱唇、妆靥的打扮习惯。（王毅）

3.26 彩绘木雕武士俑

唐代　彩绘木
高 32.4 厘米
新疆阿斯塔那 206 号墓出土
新疆维吾尔自治区博物馆藏（XB16814）

　　武士俑着橘红色风帽和甲胄，浓眉细眼，直鼻，八字胡须，嘴下蓄山羊小胡，左手控制缰绳，右手作执兵器状，骑于深红色马上，用黑色线条描绘出马具和人物五官等细部。

　　该墓共出土骑马木俑十数件之多，主要以骑马武士和骑马文官俑为主。雕刻方法是将骑马人物与马俑分为数个部分分别进行雕刻：人首、身躯及上肢为一体；人腿、马身雕成一段；马头与颈部单独雕刻；马尾以及四肢分别雕刻；然后将上述所有部位胶合，在每个部位的胶合接缝处，还用纸在缝隙处进行了粘贴，从外表看似为一整体。

　　据墓志记载，206 号墓墓主人是张雄夫妇。张雄，祖籍河南南阳，为避中原战乱，经河西迁至高昌国已有数代，世与高昌王族麹氏互通婚姻。贞观初年，高昌王麹文泰对抗唐朝，张雄积极反对并因此郁郁寡欢，积劳成疾，于 633 年去世时才 50 岁。唐太宗于贞观十四年（640）派遣大军征服高昌，设置西州都督府，为感念张雄，将其儿子封为高官，并在其妻麹氏于 688 年去世后给予"永安太郡君"的封号。[1]

　　张雄与其妻二人相隔五十五年而合葬在同一墓葬，并经历了割据的高昌和统一的唐王朝两个历史时期。该墓葬从墓室形制到木俑风格均反映了两个时期的不同风格，在阿斯塔那墓葬中十分罕见。张雄夫妇合葬墓中出土的大批珍贵文物，对研究吐鲁番地区的政治、经济、文化等方面具有非常重要的意义。（王毅）

[1] 新疆社会科学院考古研究所，1983，第 106—108 页。

3.27 彩绘泥塑武士立俑

唐代 彩绘泥塑
高 27 厘米
新疆阿斯塔那 187 号墓出土
新疆维吾尔自治区博物馆藏（XB10330）

俑为泥塑彩绘，头戴兜鍪，甲长齐膝，双手紧握于胸前，中空，原应执有武器。唐代盔甲有铁质、皮制与绢制，此应为皮质甲或绢甲，造型美观轻巧，多作为仪卫服饰，体现威仪。阿斯塔那墓群中还发现类似木俑，脚下留有长榫，应是插在某种底座上排列成序的仪仗武士俑。

187 号墓还出土了描绘盛装贵族妇女对弈主题的木框联屏绢画以及多件文书，内容多为高昌、交河两县官私文书，根据墓志、文书以及附近墓葬的信息判断，该墓的上下限在 702 至 745 年前后。根据墓志残留文字，男墓主姓张，生前为安西都护府的上柱国。[1] "上柱国"是唐代十二等勋级中的最高等级，这体现了他为大唐王朝所取得的卓著战功，陪葬武士俑也应与此有关。（王毅）

[1] 新疆社会科学院考古研究所，1983，第 106—108 页。

四

机变新样

　　丝绸之路上的蚕桑丝织技艺交流主要是织机的交流。在织锦从中原向西传到我国新疆以及中亚一带时，还是较纯的汉式风格。随着交流的不断加深，中国丝绸开始了"胡化"。首先是新疆乃至费尔干纳一带在3—4世纪已开始生产当地风格的织锦；与此同时，中国织锦开始使用西方的题材和设计形式。隋唐之际，中亚地区的纬锦技术飞速发展，其织造技术又反向影响唐代，出现了真正的束综提花机以及陵阳公样和大唐新样。这种织机又输出到欧洲，启发了贾卡织机的发明。最后，贾卡织机于19世纪末传入中国，促进了近代丝织技术的革新，并由此诞生了一批新型丝织品种。

4.1 舞人动物纹锦

战国　平纹经锦
长 71.8 厘米，宽 49.7 厘米
湖北江陵马山一号楚墓出土
荆州博物馆藏（2291）

此件舞人动物纹锦无论从其色彩图案还是织造技术上来看，都是战国时期织锦的典范。织物以绢做衬里，其织锦图案由较宽的矩形左右倾斜排列成锯齿形骨架，矩形内填以双龙或类似的纹样，矩形外的空间中从右到左有着七组纹样：第一组为长有长卷尾的对龙图案，作转身爬行状；第二组为一对舞人，头戴冠，冠尾后垂，身穿长袍，系着腰带，双脚露于长袍之外，正挥袖过头，翩翩起舞；第三组为一对立凤；第四组为两组对龙，中间两条大龙直行，两旁两条小龙横行；第五组是一对行走的麒麟；第六组是仰首长鸣的对凤；第七组是对龙（图 4.1a）。而其中最为引人注目的是舞人纹样，《尚书》中以"击石拊石，百兽率舞"来记载原始巫术，这件织锦表现的或许正是楚地的巫术活动。

图 4.1a　纹样复原图

织锦以平纹经重组织织制，为 1 : 2 平纹经锦，值得注意的是第七组的对龙有着明显的织造错误，矩形和龙尾部分出现了断裂，这一错误在所有的图案循环中被一再重复，说明错误是在织造前编织花本时产生的，以至于在织造过程中无法加以改正。这从另一方面证实了当时中国的丝织技术中已确有提花装置控制图案在织物中的重复，但还不能控制其纬向循环，以致织物在整个幅宽范围内图案无纬向循环。（徐铮）

4.2 菱格鹿纹罗

战国 四经绞纹罗
长 14 厘米，宽 13 厘米
浙江安吉五福村楚墓出土
中国丝绸博物馆藏

此件织物 2006 年出土于浙江省安吉县高禹镇五福村一处战国末到西汉初墓葬中，原来用作铜镜的镜衣。此件菱格鹿纹罗为暗花罗织物，在四经绞地上以二经绞组织显花，形成对比鲜明的特殊效果。与本展览中湖北马山一号楚墓所出的大几何纹锦由单纯的大小几何图案组成不同，此件织物在菱形图案之间还有一动物图案，四足，头部长有两只硕大的角，可能为鹿一类的动物。在此动物的上部还有一树形图案，底部壮硕，上有五个枝丫，颇有林泉之感（图 4.2a）。值得注意的是，此件织物的图案设计原应为上下对称，但在菱形下端的部分出现了错织的现象，推测可能织造时在提升综片 N 后，原应继续提升综片 N+1、N+2、N+3……但却以 N-1、N-2、N-3……N-3、N-2、N-1、N、N+1、N+2、N+3……提升综片，这也是多综式提花机在当时已经使用的证明。

此外，该墓葬还同时出土了方孔纱、经锦锦带等丝织品残片，浙江自湖州钱山漾文化以来，一直到五代才有丝绸出土，其中的 3000 年间几乎没有任何丝织品出土，这些丝绸文物的发现填补了浙江丝绸史的空白，说明浙江丝绸生产在战国晚期至西汉初年已经很发达。（徐铮）

图 4.2a 纹样复原图

4.3 菱纹罗

西汉　四经绞纹罗
长 74 厘米，宽 48 厘米
湖南长沙马王堆一号汉墓出土
湖南省博物馆藏（6252）

1972 年湖南长沙马王堆一号汉墓出土了大量纺织品和服饰，其织物种类涵盖纱、绮、罗、锦、刺绣、编织物等，其中出土的成幅纹罗有十余件，但与湖北江陵凤凰山汉墓一样，其遣策中均以"绮"来记载这些绞经织物，联系当时文献如《广韵》中记"罗，绮也"，推测当时"绮"可能是泛指素色提花织物，但现在为区别实物，我们仍将其称为罗。

此件菱纹罗是汉代典型的暗花罗织物，在四经绞地上以二经绞组织显花，形成对比鲜明的特殊效果，其组织类型属于链式罗，又称无固定绞组罗。其图案为纵向的较小菱形，两侧各叠加一个不完整的小菱形，形似楚国传统的酒器——耳杯，所以也称为杯文罗。由于当时的耳杯是椭圆形的，但椭圆形很难编织，织成后大致为菱形，现在一般称之为菱纹罗。与本展览中浙江安吉楚墓所出的那件菱格鹿纹罗的菱形骨架互相借用相比，此件织物中的菱形互相独立，每个菱形图案本身上下对称，左右并不对称，图案经向循环为 12.2 厘米，纬向循环为 6 厘米。织物两侧保留有宽 0.2 厘米的幅边，可知其幅宽在 49.5 厘米左右，但在整个幅宽范围内图案并不循环，说明当时使用的提花装置只能控制图案在织物经向的循环，但还不能控制其纬向循环。

中国丝绸博物馆研究人员曾对此件织物进行复原研究，推测其可以通过互动双绞综装造方式和二步开口法织造，其图案的经向循环是 214 纬，其中一半可以由绞综产生的下开口过纬，因此共需纹综 54 片。[1]（徐铮）

[1] 罗群，2008，第 20—25 页。

4.4 "韩侃吴牢锦友士"锦枕套

汉晋　平纹经锦
长 34.5 厘米，宽 16.8 厘米
新疆尼雅 1 号墓地 1 号墓
新疆文物考古研究所藏（95MN1M1:30）

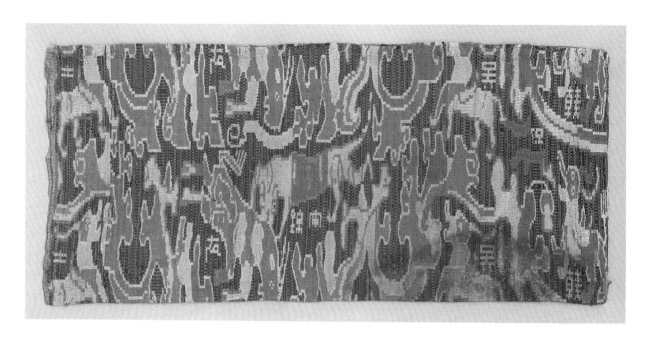

　　此锦原为一件枕套，正反面用同一面料制成，图案主题为云气动物纹，从右至左为带翼两角兽、带翼独角兽、猛兽扑羊、带翼独角兽，可以推测，右边还有一只带翼两角兽。锦上从右到左织物铭文"韩侃吴牢锦友士"，"友"有可能是"右"，即"佑"，"士"有可能是"二"，那全文可能就是"韩侃吴牢锦右二亲"。

　　此锦在中间最为重要的纹样是猛兽扑羊，这是一个典型的草原动物母题。所谓的草原动物母题通常都是弱肉强食的内容，强者通常是狮、虎、豹、格力芬（狮鹫）等食肉动物，而弱者通常是羊、马、牛、鹿等偶蹄类食草动物。这类纹样在草原金器、铜器上十分常见，出土过大量纺织品的俄罗斯巴泽雷克墓地、蒙古诺因乌拉墓地中都有带有这类纹样的皮制品、毛制品等（图 4.4a）。

　　锦为 1：3 平纹经锦。深蓝色经作地，偶然夹入浅棕色经丝，作雨条状效果。绿、白、黄、绛红四色显花，其中绿色与黄色分区交替。经丝粗约 0.3 毫米，经密 47×4 根 / 厘米，纬丝粗约 0.47 毫米，密度 22 根 / 厘米。图案经向循环约 12 厘米。织锦右侧尚存幅边，宽约 1.3 厘米，推测总门幅约为 43.5 厘米。（赵丰）

图 4.4a　巴泽雷克墓地所见动物纹样

4.5　"长寿明光"锦

汉晋　平纹经锦
长 37 厘米，宽 22.5 厘米
楼兰孤台墓地出土
新疆文物考古研究所藏

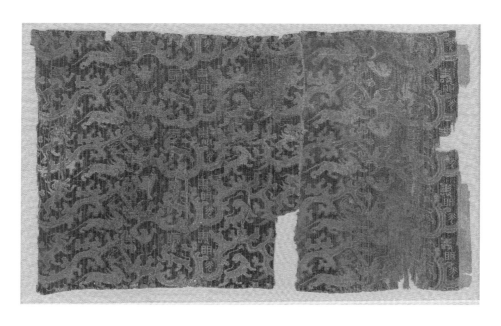

汉晋时期，丝绸之路上最能代表中国丝织传统的是经锦，而其采用的最为典型的图案就是云气动物纹。这类织锦不仅出土于自东到西广大的地域内，而且在两晋时期仍被继续沿用，以至于人们将其称为汉式织锦。

这件织有"长寿明光"汉字铭文的云气动物纹锦出自楼兰遗址，同属于此类。从图案来看，它采用的是山状云气，即象征仙山的连绵不断的云气。这种山状云可以从同时期的明确与山相关的"广山"锦[1]、"登高明望四海"锦[2]中看出，此云气中不时长出的树叶也证实了这一点。云山之间，分布有四兽一禽，从右起分别为登山的熊，回首的虎，第三只小兽较难定名，可能为豺狼之类，第四只为高立云端的朱雀，最后是体态雄壮、身插两翅的应龙。在虎狼之间，织有篆书"长寿明光"四字，作为这件织物的主题。

此织物共出两片，经拼合后可成一件，残存有单面的幅边。比较同时期的织锦幅宽可知，此织锦原幅宽应为 45 厘米左右，一个幅宽中应有两个图案循环（但不是技术意义上的严格循环）。织锦采用传统的经锦，其经线共有五色，蓝色为地，时而有少量黄褐色丝线间隔，使此地有雨丝之感，纹样主体由黄及绿色承担，另由褐色（原为红色）和米黄色（原为白色）勾边，是一种 1：4 的五彩平纹织锦。锦用五彩在汉代十分普遍，当与当时流行的五行学说（金、木、水、火、土）、五方（东、西、南、北、中）和五星（金、木、水、火、土）相关，但这种通幅均用五彩织锦是汉式织锦中难度最大的。在当时出土实物中，只有像"五星出东方利中国"等少量明显是皇家作坊的产品才用。[3]

"明光"锦在史料中有载，晋陆翙《邺中记》中记载后赵石虎织锦署中生产"大明光"和"小明光"两种织锦，应该就是这类织锦。在出土实物中，可供比较的还有两件织物。一是出土于楼兰高台 2 号墓的"长乐明光"锦（图 4.5a），该锦较残，但其图

图 4.5a "长乐明光"锦

案造型与此件"长寿明光"极为相似，除铭文不同外，还用一骑士纹样替代了朱雀的位置。[4] 另一件是出土于尼雅 1 号墓地 3 号墓的"长乐大明光"锦女裤[5]，此裤所用面料的图案与"长乐明光"锦十分接近，由熊、虎、小兽（狼）、骑士、应龙与山状云气组成，只是"长乐大明光"五字分散于各图案之间。不过，这件锦采用的是 1：3 的平纹经锦，蓝地之上倒也有少量的黄色丝线作雨丝装饰。这三件织物铭文中的"明光"应是指汉武帝时期建立的明光宫。由此来看，"长寿明光""长乐明光"或是"长乐大明光"的含义均已十分清楚，是祈祷明光宫中的主人长寿无疆和长乐无极。（赵丰）

[1] 黄能馥，1986，第 92 页。
[2] 黄能馥，1986，第 94 页。
[3] 赵丰、于志勇，2000，第 22 页。
[4] 黄能馥，1986，第 96 页。
[5] 赵丰、于志勇，2000，第 59 页。

4.6 绿地对鸟对羊灯树纹锦

北朝　平纹经锦
长 24 厘米，宽 21 厘米
新疆阿斯塔那 186 号墓出土
新疆维吾尔自治区博物馆藏（XB10306）

阿斯塔那 186 号墓中未出任何纪年物品，但从墓葬形制来看，应属北朝晚期至隋代形制。

这类对羊灯树纹锦在吐鲁番出土不止一例，均为平纹经锦，图案也非常相似。整个幅宽内共有左右对称的两个图案，从幅边起为一对跪着的山羊，羊体红色，羊有弯弯的大角，呈红色，其面目可爱，颈系红色飘带。双羊之上有一棵大树，树干橘黄色，呈石柱状，树身下部为一弧形，托起树中叶状灯，灯均有光芒照射，故称灯树。灯树之侧各有两鸟，分列上下。其中上面的两鸟对衔一朵花蕾。鸟背处另有一小树，上系灯如葡萄状。另一件同墓所出相似图案的羊树纹锦的中

轴线处，则多一"吉"字（图 4.6a）。[1]

从吐鲁番出土文书来看，高昌章和十八年（548）出土文书中有"阳树锦"一名，由于吐鲁番文书中阳和羊互通，阳树锦即应为羊树锦。据吴震考证，此锦当称羊树锦。[2] 事实上，这类装饰设计在当时非常流行，中亚地区的银盘中也可以看到有相似纹样出现（图 4.6b）。[3]

这件织锦采用的是 1：2 的平纹经锦，其中的换色仍保留了古老的传统。所有区域均以绿色作地，白色勾边，主要纹样则用红色、灰绿色和橘黄色进行换色。但这件织物的最大特点是织物的图案不仅是沿经线方向循环，而且也在织物的两边对称。可以说，这是我们所知最早的既有经向循环，又有纬向循环的平纹经锦。（赵丰）

[1] 中国新疆维吾尔自治区博物馆、日本奈良丝绸之路学研究中心，2000，图 99。

[2] 吴震，2000，第 84—103 页。

[3] Ann C. Gunter and Paul Jett, 1992, p. 128.

图 4.6a 羊树纹锦

图 4.6b 中亚银盘上的大树对羊立鸟纹样

4.7 黄地云珠狩猎太阳神锦

北朝　平纹经锦
长 22 厘米，宽 11.5 厘米
新疆阿斯塔那 101 号墓出土
新疆维吾尔自治区博物馆藏（68TAM101）

该织锦出自新疆吐鲁番阿斯塔那墓地 101 号墓，墓中出土《唐某府旅帅杨文俊等马匹簿》，应为唐代墓葬。[1] 从技术上看，这件织锦仍属于早期 1∶2 平纹经锦的范畴。织锦以黄色为地，但又分为两种区域，一区内以蓝、白两色显花，另一区域内以绿、白两色显花。从图案来看，该织锦以圆圆相切形成图案的结构，这在当时可以称为簇四骨架。这一圆形骨架由内外两层构成，外层为蓝地或绿地上显白色涡状云纹，内层则是黄地上白色的联珠纹。靠近织物幅边的圆形骨架内主要为狩猎纹，由上到下有绿色飞鸟或飞天形象、白色奔象、蓝色的骑马射鹿纹、白色舞狮和绿色骆驼，均作两两相对之状，其中对狮之间有一莲花座，对骆驼之后有忍冬纹。另一个圆形骨架约残留一半，经与青海都兰热水墓出土的黄地卷云太阳神锦（cat. 2.41）比较[2]，可知其中为一太阳神像（Helios）。太阳神在中国称为日天，其坐于莲花座之上，莲花座则由四驾马车驱动。现存部分只能看到太阳神蓝色的交脚、绿色的莲花座、蓝及绿色的马车、白色的车轮及蓝、白两匹马，如图案完整，应共有四匹马。圆圈之间由白色八瓣小花相连，圆圈之外有两个区域，靠近幅边的区域中有一对蹲狮，另一区域中有一对奔马衔花与忍冬草纹样。（赵丰）

[1] 穆舜英，2000，第 276 页。
[2] 赵丰，2002，第 81 页。

4.8 吉字纹锦

北朝　平纹纬锦
长 57 厘米，宽 8 厘米
新疆阿斯塔那 169 号墓出土
新疆维吾尔自治区博物馆藏（XB10299）

　　此锦出自吐鲁番阿斯塔那 169 号墓，与联珠胡王锦同出一墓（cat. 3.20）。此墓墓主人为张遁，死于高昌建昌四年（558）四月。[1] 另有《延昌十六年（576）信女某甲随葬衣物疏》一份[2]，应是张遁的妻子，死于丈夫之后。此墓出土了大量丝织品，包括两条大吉字纹锦褥，一条长达 1.95 米，最宽处 58 厘米，以 10 厘米的绢缘边。另一件也是大吉字纹锦褥，尚存两片，其中较大的一片尺寸为经向 69 厘米、纬向 66 厘米。另有两只红地吉字纹锦手套，为女性所用，以及吉字纹锦残片三片。此处的吉字纹锦应该就是这里的残片之一。

　　织物的图案十分简单，一行纹样间隔两道空隙呈横向条状排列。每行纹样约由三条色带组成，每一条上由两个六边形（龟甲形）和一个"吉"字相隔，各条相互错位排列，最后形成龟甲与吉字相间的构图。图案色彩主要是在白色地上显示红色的纹样，但在纹样处又有变化。这件织物的织法较为特殊，它采用红色 Z 捻丝线作经，宽而平直的丝线作纬，从锦褥的尺寸来看，可以明确这是一件极为典型的平纹纬二重织物。

　　在吐鲁番地区另有一种龟甲王字纹锦的风格与此十分相似，也呈横条状，其色彩主要也是白地红花。这两种织锦可能就是吐鲁番出土文书中的白地锦。白地锦一名见于吐鲁番哈拉和卓 99 号墓高昌义熙五年（515）文书："道人弘度从翟绍远举西向白地锦半张，长四尺，广四尺"，和阿斯塔那 313 号墓高昌章和十八年（548）随葬衣物疏，其中有白地锦百张。凡用张作单位的织锦均为纬锦系列，一般产于新疆本地或是更西地区，但这两种织锦中又都织有汉字"吉"或"王"，很可能是在高昌等汉人驻军较多的地方生产的。（赵丰）

[1] 新疆文物考古研究所，2000，第 84—167 页。
[2] 穆舜英，2000，第 282 页。

4.9 橙色联珠对鸡纹锦

唐代　斜纹纬锦
长 25.5 厘米，宽 17.5 厘米
新疆阿斯塔那 134 号墓出土
新疆维吾尔自治区博物馆藏（66TAM134）

此织锦出自吐鲁番地区阿斯塔那 134 号墓，墓中葬有一男一女，已扰，但出有唐龙朔二年（662）赵善德妻黑地朱书灰砖墓记一块[1]，还有《唐麟德二年（665）牛定相辞为请勘不还地子事》文书一件[2]，可以确定墓葬的年代为唐代初期。赵善德妻 662 年死于前，赵善德本人 665 年尚未死。这件对鸡纹锦据报道曾用作覆面，保存基本完好，但不知是谁的覆面。

织锦图案是联珠对鸟纹，残存部分共有上下两行。每行之中以红色为地，黄色显鸟身及联珠环，白色作联珠及为鸟纹勾边。对鸟纹样十分稚嫩、简洁，不同于其他所有的含绶鸟或鹰纹。头戴星月纹装饰，脚踩联珠纹平台。但上下两行鸟纹有明显不同，最为突出的是上行鸟冠上的星月纹十分明显，而下行鸟冠饰星月基本连在一起。上行鸟颈后没有飘带，而下行鸟颈后则多一飘带。这些差异，正说明了其织造技术的特殊性。

这件织物明显属于波斯锦或粟特锦之类，结构上采用强 Z 捻的经线、斜纹纬二重的组织，图案上则在纬线方向上对称循环，而在经线方向上却是从不循环。同一时期出土的其他西方风格斜纹纬锦由于其图案单元较大，裁为覆面后难以找到经向循环而较难判断其规律。但这一件因为纹样单元相对较小而出现两行鸟纹，为我们提供了对上下两行进行比较的机会。这说明，这类织锦实际上是用一种只能控制纬向循环却不能控制经向循环的织机来织的。[3]（赵丰）

[1] 穆舜英，2000，第 247 页。
[2] 穆舜英，2000，第 278 页。
[3] Zhao Feng, 2006, pp. 189-210.

4.10　红地瓣窠含绶鸟锦

唐代　斜纹纬锦
长 45 厘米，宽 5.3 厘米　　　长 16 厘米，宽 10 厘米　　　长 17 厘米，宽 17 厘米
长 12.3 厘米，宽 11.5 厘米　　长 13.4 厘米，宽 10.5 厘米
青海都兰热水墓地出土
青海省文物考古研究所藏（QK001859）

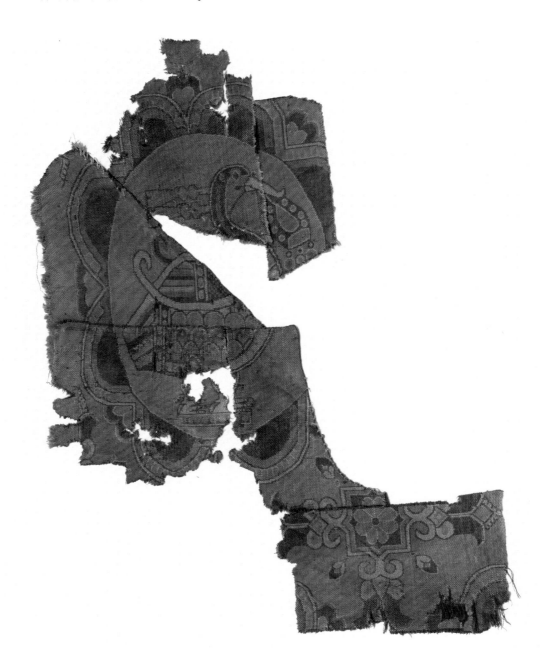

这里的残片可以分成三组：第一组为多件残片，来自同一个红地瓣窠含绶鸟锦；第二组为一件，来自另一较大的红地瓣窠含绶鸟锦，图案同第一组的，尺寸有所变化；第三组为一件，来自红地瓣窠对含绶鸟锦。

根据第一组的残片，我们可以复原得出原来的图案。图案中心是一个呈椭圆形的团窠，窠外环以八片花瓣，中间立有一鸟。该鸟身部具有鳞甲片状的羽纹，尾部成板刷状，翅和尾用横条或斜线表示，翅带弯钩向上翘起，颈部饰以项圈状物，上饰有联珠。翅和尾均有饰以联珠竖向的条带，两足立于平台座上，平台正面饰以横向的联珠。该鸟头后生出两条平行的、带结的飘带。鸟嘴衔有项链状物，其上布满联珠，下方垂有三串璎珞。宾花为对称的十样花，花中心为八瓣小团花，四周方形花，四向伸出花蕾（图 4.10a），复原后的纹样单元约为经向 17 厘米、纬向 13 厘米。[1]

这类瓣窠含绶鸟纹锦的纹样在敦煌 158 窟卧佛枕头上可见，也可以从敦煌文书了解到。敦煌文书将这类织锦称为大红番锦。《唐咸通十四年（873）正月四日沙州某寺交割常住物等点检历》（P.2613）提到的大红番锦伞，用心内两窠狮子和周边 96 个"伍色鸟"组成，据此，我们可以知道这种织锦在敦煌被称为五色鸟锦。[2] 含绶鸟在当时象征着王权与佛教相结合后还象征着再生和永生。[3]

这一织锦用深红色为地，其上用藏蓝、灰绿、黄三色显花，配色和用色都非常考究，晕色处按青绿、红、黄依次排列。该物基本组织是 1∶3 纬二重，经丝红色，Z 捻，明经单根，密度 30 根 / 厘米，夹经两根，密度 60 根 / 厘米，纬丝密度一般在 34×4 根 / 厘米。从有的残片上观察，背部有局部抛梭现象。织物边上有一段宽约 4 厘米的素边，正是织物的幅边。从当时中亚织锦一张的长、宽比例为 2∶1、幅宽通常在 1 米左右的情况来看，我们以一幅 6 窠、一张 12 行团窠的比例进行了总体复原，所得最后的一张织锦尺寸在宽 110 厘米、长 220 厘米左右。在织物的两端，我们加上了桃形及波斯文字的装饰带（图 4.10b）。（赵丰）

图 4.10a 纹样复原图

[1] 赵丰，1992b，第 159 页。

[2] 赵丰、王乐，2009，第 38—46 页。

[3] 许新国，1996，第 3—26 页。

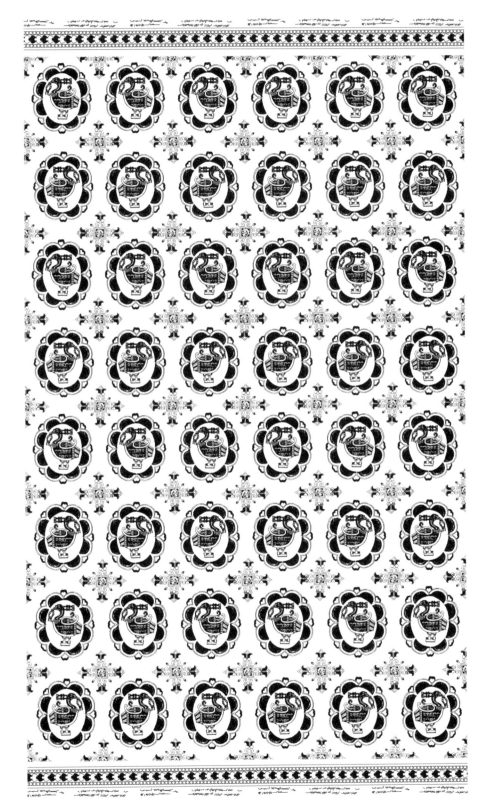

图 4.10b　总体复原图

4.11 红地桃形纹波斯锦

唐代　斜纹纬锦
长 28.5 厘米，宽 8 厘米
青海都兰热水墓地出土
青海省文物考古研究所藏（QK001858）

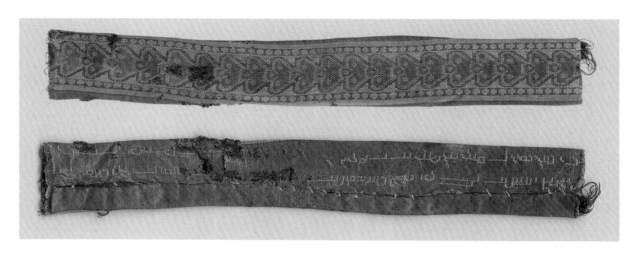

　　此件织锦出自青海都兰热水墓地。织物被缝成一管状，正面是一横条心形边饰，以红、黄、蓝、白、绿五色织成，两侧以联珠纹作边。反面以红地黄字织出两行文字：王中之王，伟大的，光荣的。据 D. N. Machenzie 教授考证，这是萨珊波斯时期广泛使用的婆罗钵文。考古学家由此推断，这是最为可靠的波斯锦。[1]

　　事实上，这种心形及文字织入的装饰带应为织物的机头部分。类似的织物在埃及也有发现，但那件织锦上的文字是绣上去的阿拉伯文，织出的横条花边与此相似，也是心形带。一般来说，这种心形带的纹样应该与织物主体的团窠环一致，类似的织物在都兰也有出土，但却没有单独以心形带作团窠环的。因此，这件婆罗钵文锦很可能是与同墓大量出土的瓣窠含绶鸟锦相连（参见 cat. 4.10）。对照敦煌文书中所载的"五色鸟锦"名称，可知这些含绶鸟锦在当时都被称作五色鸟锦。而这些五色鸟锦都应由使用波斯文字的中亚织工进行生产。（赵丰）

[1] 许新国，1996，第 3—26 页。

4.12 联珠天马纹锦

唐代 斜纹纬锦
长 14 厘米，宽 8 厘米
新疆阿斯塔那 69 号墓出土
新疆维吾尔自治区博物馆藏（XB8370）

此件织锦 1966 年出土于阿斯塔那 69 号墓，由于受扰严重，墓主人及年代均不明，同墓亦无文书伴出。织锦残损情况严重，仅余下一个半不完整的团窠，图案原貌已很难辨认。从残留部分推测，其联珠形团窠间并不相连，呈散点状排列，在联珠环的上下左右各装饰有一回纹，织物下部出现横向的联珠带及一半的宾花，可能是织锦的起头部分或是中间的纬向裁边，其团窠中间的主题图案仅可知是一马，左右两个团窠呈左右镜像对称关系，但细节部分难以分辨。此件织物无论是联珠团窠的造型，还是下部的联珠带及半个宾花都与日本私人收藏的一件联珠翼马纹锦十分相似，该件织物为橘瑞超盗掘品，据说出土于吐鲁番木头沟（图 4.12a）。其图案保留下来的部分为马的前半部分，可明显看到它身长双翼，翼上有联珠带，呈行走状，因此推测这件织物团窠内的主题图案也应是与之相似的翼马纹样。翼马的原型是希腊神话中的珀伽索斯（Pegasus），据说是美杜莎与海神波塞冬所生，曾为柏勒洛丰驯服，但当柏勒洛丰试图骑它上天堂时，它却把柏勒洛丰从背上摔下来，独自飞到宇宙成为飞马座。珀伽索斯马蹄踩过的地方便有泉水涌出，诗人饮之可获灵感，因此在文艺复兴时期，珀伽索斯成为艺术和科学女神缪斯的标志。

此件织物在组织结构上属于东方系统的唐式斜纹纬锦，其经线加有强 S 捻，以 1/2S 斜纹纬重组织织造，在棕色纬线地上以深蓝、绿、白等色纬线显花。类似的联珠翼马纹锦在中国的西北地区，特别是吐鲁番阿斯塔那曾出土有多件，其经线同样均加有强 S 捻，并以三枚斜纹纬重组织织造。而1897 年埃及的安底诺伊（Antinoe）遗址中出土的一批联珠翼马纹锦，以及中亚粟特和中国西北地区

图 4.12a 联珠翼马纹锦

出土的具有粟特风格的翼马纹锦，虽然图案主题相近，但在图案细节设计，特别是织造工艺上均与此件织锦不同，其经线均采用 Z 捻，属于波斯粟特系统，出现年代较早，曾在丝绸之路上广泛传播。因此，有学者据《隋书·何稠传》所载"波斯尝献金绵锦袍，组织殊丽。上命稠为之。稠锦既成，逾所献者"，认为此种唐系翼马纹锦极有可能是隋末何稠仿制成功的波斯锦之一。[1]（徐铮）

[1] 赵丰，2010a，第 71—83 页。

4.13　黄地对孔雀纹锦

唐代　斜纹纬锦
长 46 厘米，宽 33 厘米
青海都兰热水墓地出土
青海省博物馆藏（QK001856）

此件纬锦织物在图案风格上与本展览中的团窠宝花立凤纹锦、中窠蕾花对狮纹锦同属于"陵阳公样"，但保存情况较差，褪色严重，仅保留一个团窠图案。其环式团窠属于陵阳公样中的第二类，与敦煌所出土的葡萄中窠立凤"吉"字纹锦相似，由卷草环组成，团窠内为两只相对站立的孔雀，口衔珠串，尾部上翘，两翅微微张开，两爪紧紧抓地，十分生动有力。孔雀原产自南亚地区，在汉代或许更早时就被中原地区所知晓，司马相如的《长门赋》中就有"孔雀集而相存兮，玄猨啸而长吟"之句，刘向《说苑》则称："夫君子爱口，孔雀爱羽，虎豹爱爪，此皆所以治身法也。"北朝时已见"金线孔雀文罗"的记载，在新疆阿斯塔那也出土了北朝至隋代的联珠孔雀"贵"字纹锦，相比之下，此件孔雀的身形更为壮硕有力，细部刻画也更为仔细。（徐铮）

4.14　黄地宝花纹锦

唐代　斜纹纬锦
长 88 厘米，宽 35 厘米
青海都兰热水墓地出土
青海省博物馆藏（QK002361）

　　此件织锦采用 1：3 斜纹纬重组织织
造，以黄色纬线作地，蓝、白、棕等色
纬线显花。其主花中心是蓝色圆，周围
绕以白色联珠纹，然后是六出蘑菇形花
芯，再向外伸出六瓣巨大的花瓣，带有
强烈的几何味，具有浓烈的装饰性，宝
花的主花直径约为 33 厘米。宝花是一
种综合了各种花卉因素的想象性图案，
它花中有叶，叶中有花，虚实结合，正
侧相叠，在许多出土实物及敦煌壁画中
都可以看到它的出现。唐代的宝花纹样
大体可分为四种，一是早期的瓣形小宝
花，二是装饰性很强的蕾式宝花，三是
写生味较强的侧式宝花，四是常有鸟鹊
蜂蝶绕飞的景象宝花。此件宝花纹锦在
图案类型上属于蕾式宝花，是盛唐时期
宝花的典型代表，同类的宝花在吐鲁番
地区也有不少出土。（徐铮）

4.15 真红地花鸟纹锦

中唐　斜纹纬锦
长 37 厘米，宽 24.4 厘米
新疆阿斯塔那 381 号墓出土
新疆维吾尔自治区博物馆藏

此件织锦于 1968 年出土于吐鲁番阿斯塔那 381 号墓，同墓伴出唐大历十三年（778）文书。出土时色彩保存极佳，共有真红、粉红、果绿、棕、海蓝五色，以斜纹纬重组织织出。织物上有宽为 2.7 厘米的经向带状花边，两条居中，两条在边，将织物的整个纬向分成图案相同的两个区域。[1] 图案中心为一放射状团花，由中间一朵正视的八瓣团花和外围八朵红蓝相间的小花组成，团花四周有四簇写生型小花和四只衔花而飞的绶带鸟，花鸟之间更有八只粉蝶，又间有行云、折枝花和山石、远树，一派春光明媚、生机勃勃的景象。图案的经向循环为 21 厘米，纬向循环为 26 厘米。

带有边饰的图案布局在唐代丝绸中较为少见，但在中亚织物上却并不少见。当时的中亚织物一般都有中心和边缘两个区域，中心与边缘分别用两种图案，而且这两种图案分别由不同的装置进行提花。[2] 但这件明显带有唐代中原风格的织物只是一种外形的模仿，花边中的图案虽然对称，却不是严格的对称，依然是中国的提花技术。

这种写生折枝花鸟纹样在中晚唐兴起，代表了一种自然生动的审美时尚。其飞鸟和团花的排列与青海都兰所出的团花奔鹿纹绫十分相似，当属于同一时期。（徐铮）

[1] 武敏，1984，第 70—80 页。
[2] Karel Otavsky, 1998, pp. 13-41.

4.16 绿地雁纹锦

唐代 辽式纬锦
长 18 厘米，宽 10 厘米
陕西扶风法门寺地宫出土
陕西省考古研究院藏

　　半明型斜纹纬锦织物，呈 S 向斜纹。明经 1 根呈棕色，无明显捻向；夹经有的是 1 根，有的是 2 根。1 根夹经呈棕色，S 向强捻，有的是因为另外一根断裂，有的本身就是 1 根。2 根并列的夹经呈棕色，由两股 S 向加捻的丝线组成。织物经线比例是 1:2 或者 1:1。纬线一副应有 4 根，分别是 2 根颜色比较相近的棕色、1 根深绿色和 1 根深褐色。织物部分区域由深绿色和棕色纬线共同显花，可能起到色彩过渡作用。织物的花纹分为地部和花部，地部色纬 1，呈棕色，无明显捻向，与另一组棕色丝线形成暗花；地部色纬 2，呈棕色，无明显捻向，有可能是浅绿色丝线褪色形成的；花部色纬 3，绿色，无明显捻向，织物上有深绿色丝线的位置较多，深绿色丝线也可能有褪色现象，部分区域呈浅绿色，有些地方看起来像是颜料染色；花部色纬 4，呈深褐色，构成鸿雁的主要图案。织物经线密度约为 56 根 / 厘米，纬线密度约为 25 根 / 厘米。

　　织物纹样为一只两翅展开的鸟的图案，鸟翅部位部分采用绿色纬线显色，可能为呈现羽毛色彩。织物图案所用色彩较多，由于褪色以及色彩之间的差别较小等原因，导致难以清楚描绘织物的整体图案细节。部分呈绿色区域可能使用了颜料绘制，但脱落严重。鸟翅膀及眼睛附近可能使用了墨绘加强色彩效果。（路智勇）

4.17 窦师纶墓志铭并序拓片

唐代　纸
志盖：长 60 厘米，宽 60 厘米　　志石：长 73 厘米，宽 73 厘米
征集
西安碑林博物馆藏

窦师纶墓志，志题七行，篆书为
"大唐秦府咨议太府少卿银邛坊三州刺
史上柱国陵阳郡开国公窦府君墓志铭"。
志石四十行正书，追溯了窦师纶的父祖
及其自身的履历，记述了窦师纶的功绩
及卒年、卒地等情况。据墓志，窦师纶
曾祖温善，祖父荣定，父亲抗，皆为显
宦。窦师纶家族，祖上出自鲜卑纥豆陵
氏，后随北魏迁代，孝文帝时改为汉姓
窦氏。窦氏一门历北周、隋、唐皆与帝
室通婚，窦师纶祖母为隋文帝杨坚姐安
成长公主，堂姑母为唐高祖李渊太穆皇
后，兄窦诞为唐高祖驸马。[1]

窦师纶的名扬后世不仅是由于其
显赫的家族背景，更与其本身在制造舆
服器械特别是设计丝绸纹样方面的天赋有关，瑞锦、宫绫上始自唐初的陵阳公样即为窦师纶所创，
陵阳公即窦师纶。张彦远《历代名画记》称窦师纶"性巧绝，草创之际，乘舆皆阙。敕兼益州大
行台检校修造，凡创瑞锦、宫绫，章彩奇丽，蜀人至今谓之陵阳公样。……高祖、太宗时，内库
瑞锦对雉、斗羊、翔凤、游麟之状，创自师纶，至今传之"。窦师纶的这一天赋在墓志中也有所反
映。墓志称其"既而游心艺圃，浪迹儒津。武库成博物之资，炙輠表多能之誉"，又谓"武德四年
诏公为益州大使，制造舆服器械。公思穷系表，识洞机初。演东观之新仪，辩南宫之故事。章施
五彩，藻星图而绚色；讦谟□工，朗天朝而毓照。焕矣夫，亦文物之奇观也"。墓志所述当即《历
代名画记》所载之事。而陵阳公样的实物，经考古发掘，新疆吐鲁番、青海都兰、甘肃敦煌等地
多有发现，远在东瀛的日本正仓院中亦多有保存。（徐文跃）

[1] 王庆卫，2011，第 392—405 页。

4.18 平湖秋月黑白像景

民国　黑白像景
长 51 厘米，宽 31.3 厘米
袁震和丝织厂生产
杭州西湖博物馆藏

　　这幅黑白像景表现的是南宋"西湖十景"之一的"平湖秋月"的景色。该景观单元南宋题名之初以泛舟西湖、观赏秋夜月景为胜，清代康熙年间，康熙皇帝巡游西湖，品题"平湖秋月"景观，定孤山东南角的临湖水院为该景观的景址所在，并沿用至今，是自湖北岸临湖观赏西湖水域全景的最佳地点之一。

　　画面上下英文标注"平湖秋月——西湖最美的景色之一"，"中国浙江杭州袁震和丝织厂制造"；画面左下角红色绣文是"杭州袁震和制"。1871 年创立的袁震和绸庄曾经显赫一时，后来发展为袁震和丝织厂，在抗战中遭到毁灭性破坏，成为一个历史的记忆。1915 年，袁震和丝织厂的"西湖十景"像景在巴拿马太平洋万国博览会上展出，夺得金奖。后来，十景中的九幅在战乱中遗失，唯一一幅像景"平湖秋月"由袁南安孙女袁慰庭 70 多年前离开杭州时带走，并于 2005 年捐赠给杭州西湖博物馆。（来江）

4.19 雷峰夕照、平湖秋月着色黑白像景

民国 着色黑白像景
长 134 厘米，宽 39 厘米　　长 134 厘米，宽 39 厘米
都锦生丝织厂生产
杭州西湖博物馆藏

　　这两件着色黑白像景表现的均是南宋"西湖十景"之一。其中一件表现的是"雷峰夕照"的景色。"雷峰夕照"位于西湖南岸的夕照山一带，以黄昏时的山峰古塔剪影景观为观赏特点。雷峰塔始建于北宋，1924 年塔身倒塌，现存遗址，是中国现存最大的八角形双筒结构佛塔遗址。这幅像景画面上的雷峰塔是倒塌前的原貌，雷峰塔出现在西湖的背景中，前景是水波粼粼的湖水，中景一片汀渚，杂树参天，一渔翁正在低头忙碌，整幅图动静相宜，富有生趣。另一件是"平湖秋月"，此处景观以泛舟西湖、观赏秋夜月景为胜。画面中有小船泛舟湖上，一座重檐建筑位于画面右侧，上方是大树，大片的湖面占据画面下方，水面彩色的倒影更显生动。

　　杭州都锦生丝织厂创建于 1922 年，创始人杭州人都锦生早年就读于浙江省甲种工业学校机织科，后留校任教。都锦生十分重视产品的开发，在黑白像景的基础上，又开发出了五彩像景，其色彩鲜艳，人物、花卉形态之逼真，都是丝织技术上的一次创举，产品蜚声海内外。都锦生像景已成为杭州像景乃至中国像景的代表。（来江）

4.20　孤山放鹤亭黑白像景

民国　黑白像景
长 26.5 厘米，宽 18.5 厘米
国华美术丝织厂生产
杭州西湖博物馆藏

　　西湖处处皆景，山与水俯仰生姿，动静得宜，湖山自有佳处。因此，西湖像景的内容十分丰富，西湖全景、西湖十景、佛光塔影、湖光山色等纷纷成为其取材的对象。此件像景展示的西湖孤山放鹤亭源自隐逸诗人林逋梅妻鹤子的故事。亭内存放有舞鹤赋刻石，碑上刻有康熙皇帝临摹的董其昌《舞鹤赋》书法作品。林逋去世后葬于孤山北麓东端，宋后的文人因敬仰林逋淡然超脱的隐逸风节而在其墓冢周围遍植梅林，并立碑纪念，从而形成清雍正年间十八景之一的"梅林归鹤"，现存包括舞鹤赋刻石、林逋墓及放鹤亭。

　　我国像景的发祥地为杭州，1926 年起，杭州先后有启文、国华、西湖等丝织厂生产丝织像景，均以西湖风光为主要题材。从目前传世的西湖像景看，国华厂的产品数量较多，几乎与都锦生、启文成三足鼎立之势，但有关国华厂的资料却极少，我们在民国时期杭州丝织业同业公会名册中找不到这家厂。从传世作品看，直到抗战全面爆发前夕的 1934 至 1936 年，国华一直有丝织像景的生产，但抗战期间缺乏资料，新中国成立前夕的工商登记名册中也找不到这家厂，估计其兴盛期主要在 20 世纪 30 年代。（来江）

4.21　小瀛洲鹅黑白像景

民国　黑白像景
长 65 厘米，宽 24 厘米
启文丝织厂生产
杭州西湖博物馆藏

　　画面中有七只鹅在湖中嬉戏，有的低头饮水，有的探长脖颈四处张望，画面细腻生动。小瀛洲位于西湖外湖中南部，是一个湖心岛，明万历间浚湖堆土而成，呈"湖中有岛，岛中有湖"的"田"字形格局，为江南水上园林的经典。全岛以亭台楼阁配以传统花木构成色彩绚丽的景致，与岛内外水光云天相映，象征了中国古代神话中的蓬莱仙岛。

　　启文丝织厂成立于 1926 年，在 20 世纪 30 年代非常活跃，所产丝织像景在市场上流行一时，业务兴旺时在杭州、上海、青岛、香港等大城市均设有门市部。1956 年，在社会主义工商业改造浪潮中，启文丝织厂并入公私合营都锦生丝织厂，从此"启文"的独立名号消失，与都锦生丝织厂融为一体，在新的社会环境下继续发展。（来江）

第三部分　附　录

专业术语

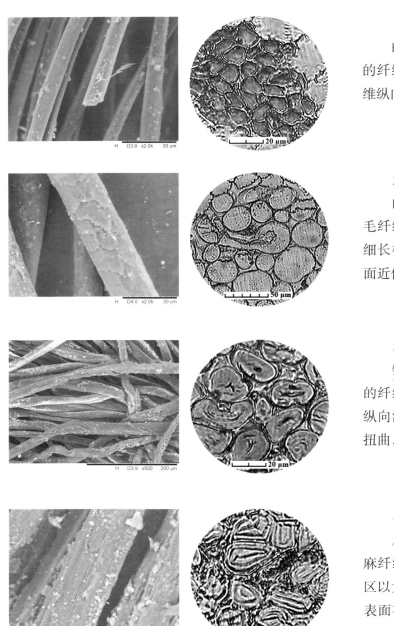

1 丝

由鳞翅目昆虫幼虫丝腺分泌物形成的纤维称丝纤维，通常指桑蚕丝。丝纤维纵向平滑，截面呈不规则三角形。

2 毛

由动物披覆的毛发中取得的纤维称毛纤维，通常指绵羊毛。毛纤维纵向呈细长柱体状，可见环状或瓦状鳞片，截面近似圆或椭圆形，有的有毛髓。

3 棉

锦葵目锦葵科棉属植物种子上被覆的纤维称棉纤维，正常成熟的棉纤维呈纵向沿纤维长度不断改变转向的螺旋形扭曲，截面呈腰圆形。

4 麻

从各种麻类植物取得的韧皮纤维称麻纤维，中国南方多种植苎麻，西北地区以大麻较常见。大麻纤维纵向无扭曲，表面有明显的横节竖纹，截面呈不规则圆形或多角形，有中腔，内腔呈线形。

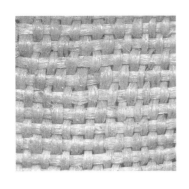

5 绢

平纹类素织物的通称。其组织为1:1平纹，可通过组织、经纬线的粗细、色彩、捻度和密度的不同产生各种变化。非常致密的绢在汉代也可称为缣。

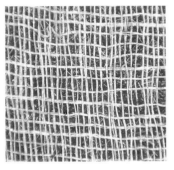

6 平纹纱

以1:1平纹组织织造，因为经纬密度稀疏，所以透孔率大、质地轻薄，有纱的效果。

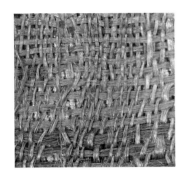

7 彩格绢

平纹绢的一种，以1:1平纹组织织造，通过色经色纬排列的方法，使织物表面出现彩色格子图案。

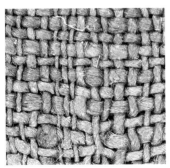

8 绵绸

以1:1平纹组织织造，经纬线采用绵线或绢纺丝制成，其表面粗细不匀。在丝绸之路沿途多采茧丝直接纺成绵线织成，流行于魏唐之间。

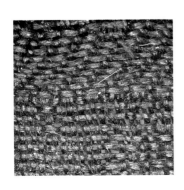

9 绮

在平纹地上用斜纹或其他的变化组织进行显花，从而织出图案。出现在商代，流行于汉唐之间。

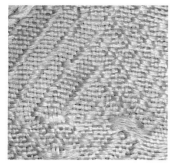

10 暗花绫

主要指斜纹地暗花织物，通过枚数、斜向、浮面（经面或纬面）的区别显花，变化甚多，如异向绫、同向绫、异面绫、浮纹绫等。绫约在魏晋时期开始流行。至唐代，绫织物进入全盛时期。

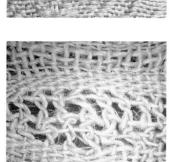

11 暗花纱

绞纱组织和平纹或其他普通组织互为花地的提花织物。其出现较早，早期仅见于毛织物，唐代起常见于丝织物，到明清时达到极盛。

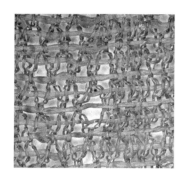

12 四经绞素罗

这类罗被称为链式罗，其主要特点是地经与绞经之间虽有严格的比例，却没有明确的绞组，常见的为四根经丝一个循环，称为四经绞罗。

13 四经绞纹罗

在四经绞素罗的基础上提花即可产生暗花罗，其花部组织通常采用无固定绞组的二经绞，也称为四经绞纹罗。

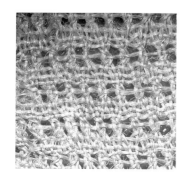

14 四经绞横罗

在四经绞素罗组织的基础上又变化出四经绞横罗，即在原有的四经绞素罗上加织二梭平纹，使罗孔具有横向效应。

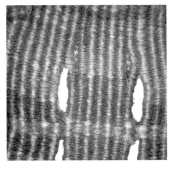

15 缂丝

以不同色彩纬线在不同区域以通经断纬方式挖织产生图案的产品称为缂丝。缂丝之法源于毛织物，唐代起始用，宋代则广泛流行。

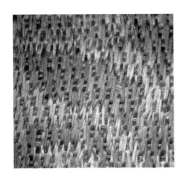

16 平纹经锦

平纹经锦是最早出现的锦种类，属于暗夹型重组织。即将经线分成两组或多组，使用夹纬将其中一组经线现于织物正面显花，其余沉于背面，使用明纬与经线交织成平纹地组织。其兴盛期为战国至初唐。

17 斜纹经锦

约在隋代前后，斜纹经锦出现，以斜纹经重组织织造。斜纹经锦与平纹经锦在技术上的区别仅在于增加一片地综，明纬与经线织成三枚经斜纹，但它成为从经锦向纬锦过渡的一块跳板。

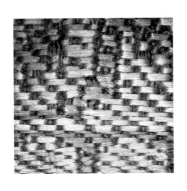

18 平纹纬锦

平纹纬锦是对平纹纬二重织物的统称，即将纬线分成两组或多组，用夹经将其中一组纬线现于表面显花，其余纬线沉于背后，明经与纬线交织成平纹地组织。主要有两类，一类由风格粗犷、加有强捻的丝绵线织成，也称绵线平纹纬锦，另一类则由质量较好的平直丝线织成。

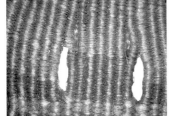

19 斜纹纬锦

斜纹纬锦与平纹纬锦的区别是明经与纬线交织成三枚纬斜纹。唐代纬锦根据夹经的捻向不同分为两类：一类是唐式纬锦，经线采用 S 捻，主要产于中原地区；另一类是中亚纬锦，经线采用 Z 捻，主要产于西域或更西地区。

20　辽式纬锦

辽式纬锦与斜纹纬锦的不同是采用了半明经，即其明经只在织物表面和反面各出现一次，形成对纹纬的固结，而在其他组织点处只插在上下层纬线之间，与夹经位置相同。这类织锦从中晚唐开始出现，一直沿用到辽宋时期，包括辽式斜纹纬锦和辽式缎纹纬锦两个大类。

21　双层织锦

由两组经线和两组纬线分别织造成平纹的表里两层，显花时表里换经，达到显花效果。其图案均为两色，正反面纹样一致，色彩相反。

22　织金

在不同的地部组织上再织入金线的织物。出现于唐代，流行于宋元，织金通常要求纹样花满地少，充分发挥显金效果。

23　黑白像景

黑白像景是近代以来出现的新品种，采用纬二重结构，由一组白色经线与黑、白两组纬线交织而成，通过特殊的影光组织，即由经面缎纹组织逐步过渡到纬面缎纹组织，来立体表现物体的层次、远近、阴面和阳面。为增强表现力，有时也会对黑白像景特别是风景像景进行手工上色，从而衍生出着色黑白像景。

24　斜编

以两组相互垂直的丝线沿与织物倾斜的角度进行编织称为斜编。战国到汉晋时流行。双层斜编用两种或两种以上色彩的经线，编出类似于双层织物的织物，以显示图像。

25　斜向绞编

结合斜编和绞编两种方法形成的结构，其本质是绞编，即由两根丝线相互绞转与另两根相互绞转的丝线沿斜向编织，形成斜向绞编。

26　纠编

以两组相同方向的丝线相互纠绞进行编织，有单一纠编和复杂纠编之类。渔网的编法可称为对称纠编。

27　环编

环编又可称圈编，以一根单丝形成一排环圈、上下多排环圈相互环绕编成整个结构。这类环编多数依附在织物上，类似刺绣。

28　锁针

锁绣针法简称锁针，是中国现存刺绣实物中最早出现的针法，出现于商周时期，流行于战国至汉唐之际。锁针的特点是以前针钩后针从而形成曲线的针迹，但整个效果是线。

29　劈针

劈针属于接针的一种，在刺绣时后一针从前一针绣线的中间穿出再前行，从外观上看起来与锁针十分相似，它和锁针的最大区别就在于劈针的绣线直行而锁针的绣线呈线圈绕行。

30　平绣

平绣从晚唐时开始广泛流行，是应用最广的一种针法，成为中国宋元明清刺绣技法中的主流。其中有许多变法，如苏绣中的齐针、套针（单套、双套、集套）、戗针（正戗和反戗）、擞和针、旋针等，其实都类似于平绣。

31　穿珠绣

先将颗粒状物穿在一根线上，再将此线钉缝在织物上，这种绣法通常钉的是宝石、珍珠、珊瑚珠、琉璃珠之类，故称钉珠绣，又称穿珠绣。

32　缀金绣

在颗粒状的金属上打一到两个孔，用线将金属直接钉缝在织物上的一种绣法，可称为缀金绣，在汉晋时期西北地区流行。

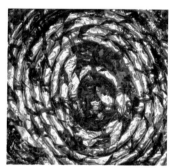

33　蹙金绣

将金属打制成金属箔，可加、可不加背衬，然后切割成条状缠绕在芯线上即成捻金线，亦称圆金线。把捻金线钉在织物上称为钉金绣。单纯由大量捻金线织成的钉金绣称为蹙金绣。

34　钉金绣

用钉线将较粗的捻金线钉于织物之上称为钉金绣。钉金绣可与平绣组合成压金彩绣，在唐宋期间流行。

35 绞缬

绞缬即今天所称的扎染，通过缝绞法、绑扎法或打结法等方式，织物扎结进行染色，最后得到防染印花效果的图案。出现于十六国时期，一直流行至今。

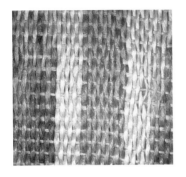

36 扎经染色绸

先根据纹样设计将经丝分段扎染，染成多种色彩，经拆结、对花后再进行织造。中国古代用絣专指这一类扎染纱线后进行织造的工艺或产品，今可称为絣锦。以新疆和田地区生产的絣锦最为有名。

37 灰缬

灰缬以草木灰、蛎灰之类为主的碱剂进行防染印花，唐代时非常流行，在操作时常通过夹板夹持来进行二次防染，一般先将织物对折后用夹板夹持，然后施以防染剂，打开夹板，进行染色，从而得到色地白花。这种灰缬便是后来广泛用于棉布印染的蓝印花。

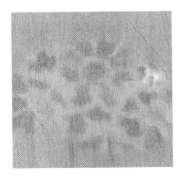

38 夹缬

以两块对称雕刻的夹缬板夹持织物进行染色，最后得到防染效果的图案。据说是在盛唐玄宗时柳婕妤之妹发明的，在唐宋时十分流行，明清时则多用于覆盖唐卡。

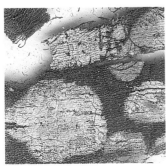

39 彩绘

直接将颜料或金粉等拌以黏合剂，并用毛笔等工具绘在织物上的方法称为彩绘或画缋。出现甚早，流行很久。

40　直接印花

将染料或颜料拌以黏合剂，并用凸纹版或镂空版将其直接印在织物上显花的方法。秦汉时期，直接印花采用型版印花与手绘相结合的方法，以后又有了进一步的发展。

41　贴金

将捶打得极薄的、不加背衬的金属箔片，按所需形状、尺寸切割，以某种胶结材料将其装饰在织物表面的方法可称贴金，公元4世纪前后在西北地区应用甚广。

42　髹漆

将漆涂在器物之上称为髹漆，汉代时常用于绞纱织物上，称为"漆纱"或"漆纚"，使得冠履便于成型，并防水防雨。

红花

43 红花

红花（*Carthamus tinctorius*）是菊科植物，全国各地均可栽培。红花染色织物所用的色素为红花素，含量小于 0.5%，但是色彩艳丽，被称为"真红"。不过，在光照下或碱性环境中红花素极易褪色。

西茜草

44 西茜草

西茜草（*Rubia tinctorum*）是茜草科植物，国内的主要种植区域位于新疆。西茜草的主要色素是茜素和茜紫素。该染料染色的织物色牢度极佳。

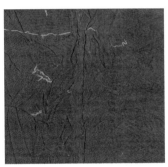

蓼蓝　　马蓝

45 靛青

靛青染料的植物来源有很多，常见的有十字花科的菘蓝（*Isatis tinctoria*）、爵床科的马蓝（*Strobilanthes cusia*）、蓼科的蓼蓝（*Polygonum tinctorium*）、豆科的木蓝（*Indigofera tinctoria*）等。

黄檗

46 黄檗

黄檗是芸香科植物，一种是产于湖南、湖北和四川等地的川黄檗（*Phellodendron chinense*），另一种是产于东北和华北等区域的关黄檗（*Phellodendron amurense*）。两种黄檗的主要色素均为小檗碱。

参考文献

中文

[1] 包铭新，2007．西域异服——丝绸之路出土古代服饰复原研究．上海：东华大学出版社．

[2] 北京大学考古文博学院，青海省文物考古研究所，2005．都兰吐蕃墓．北京：科学出版社．

[3] 贝格曼，1997．西域探险考察大系新疆考古记．王安洪，译．乌鲁木齐：新疆人民出版社．

[4] 常沙娜，2001．中国敦煌历代服饰图案．北京：中国轻工业出版社．

[5] 陈良文，1987．吐鲁番文书中所见的高昌唐西州的蚕桑丝织业．敦煌学辑刊（1）．

[6] 陈维稷，1984．中国纺织科学技术史（古代部分）．北京：科学出版社．

[7] 成都文物考古研究所，荆州文物保护中心，2014．成都市天回镇老官山汉墓．考古（7）．

[8] 池田温，1999．中国古代物价初探——关于天宝二年交河郡市估案断片．韩昇汉，译．唐研究论文选集．北京：中国社会科学出版社．

[9] 初世宾，2008．汉简长安至河西的驿道．简帛研究（二〇〇五）．桂林：广西师范大学出版社．

[10] 定县博物馆，1972．河北定县发现两座宋代塔基．文物（8）．

[11] 敦煌文物研究所，1972．新发现的北魏刺绣．文物（2）．

[12] 敦煌文物研究所考古组，1972．莫高窟发现的唐代丝织物及其它．文物（12）．

[13] 敦煌研究院，2004．敦煌莫高窟北区石窟（第三卷）．北京：文物出版社．

[14] 俄罗斯科学院东方研究所圣彼得堡分所，等，1997．俄藏敦煌文献（第8册）．上海：上海古籍出版社．

[15] 傅兴地，2009．汉简《侯粟君所责寇恩事》研究．广州：中山大学．

[16] 甘肃居延考古队，1978．居延汉代遗址的发掘和新出土的简册文物．文物（1）．

[17] 甘肃省博物馆，1960．甘肃武威磨咀子汉墓发掘．考古（9）．

[18] 甘肃省博物馆，1972．武威磨咀子三座汉墓发掘简报．文物（12）．

[19] 甘肃省博物馆，敦煌县文化馆，1981．敦煌马圈湾汉代烽燧遗址发掘简报．文物（10）．

[20] 甘肃省文物队，甘肃省博物馆，嘉峪关市文物管理所，1985．嘉峪关壁画墓发掘报告．北京：文物出版社．

[21] 甘肃省文物考古研究所，1991．敦煌马圈湾汉代烽燧遗址发掘报告．敦煌汉简（下册）．北京：中华书局．

[22] 甘肃省文物考古研究所，高台县博物馆，2003．甘肃高台县骆驼城墓葬的发掘．考古（6）．

[23] 高建新，崔筠，2015．高鼻深目浓须：唐人笔下的胡人相貌．中国社会科学报，2015-05-22（B03）．

[24] 戈岱司，1987．希腊拉丁作家远东古文献辑录．耿昇，译．北京：中华书局．

[25] 顾俊剑，2012．论先秦蚕丝文化的审美生成．济南：山东师范大学．

[26] 郭郛，1987．从河北省正定南杨庄出土的陶蚕蛹试论我国家蚕的起源问题．农业考古（1）．

[27] 郭永利，2007．甘肃河西魏晋十六国墓葬壁画中的"矩形"、"圆圈"图像考释．四川文物（1）．

[28] 郭永利，2008．河西魏晋十六国壁画墓研究．兰州：兰州大学．

[29] 韩保全，1997．唐金乡县主墓彩绘骑马伎乐俑．收藏家（2）．

[30] 韩国磐，1986．从吐鲁番出土文书来看高昌的丝绵织业．敦煌吐鲁番出土经济文书研究．厦门：厦门大学出版社．

[31] 河姆渡遗址考古队，1980．浙江河姆渡遗址第二期发掘的主要收获．文物（5）．

[32] 河南省博物馆，1972．河南淅川下王岗遗址的试掘．文物（10）．

[33] 侯世新，王博，2011．和田艾德莱斯．苏州：苏州大学出版社．

[34] 湖北省荆州地区博物馆，1985．江陵马山一号楚墓．北京：文物出版社．

[35] 湖南省博物馆，2003．湖南省博物馆文物精粹．上海：上海书店出版社．

[36] 胡玉端，1980．丁桥看蜀锦织机的发展：关于多综多蹑机的调查报告．中国纺织科学技术史资料（第1卷）．

[37] 黄凤春，2001．试论包山2号楚墓饰棺连璧制度．考古（11）．

[38] 黄能馥，1986．中国美术全集·印染织绣（上）．北京：文物出版社．

[39] 黄能馥，陈娟娟，1999．中华历代服饰艺术．北京：中国旅游出版社．

[40] 慧立，彦悰，1983．大慈恩寺三藏法师传（卷一）．北京：中华书局．

[41] 贾洪波，2014．关于虢国墓地的年代和M2001、M2009的墓主问题．中原文物（6）．

[42] 贾应逸，1980．略谈尼雅遗址出土的毛织品．文物（3）．

[43] 姜伯勤，2004．唐安菩墓三彩骆驼所见"盛于皮袋"的祆神——兼论六胡州突厥人与粟特人之祆神崇拜．中国祆教艺术史研究．北京：生活·读书·新知三联书店．

[44] 江苏文物考古工作队，1963．江苏吴江梅堰新石器时代遗址．考古（6）．

[45] 蒋猷龙，1982．西阴村半个茧壳的剖析．蚕业科学（1）．

[46] 蒋猷龙，2007．浙江认知的中国蚕丝业文化．杭州：西泠印社出版社．

[47] 蒋猷龙，2010．中国蚕业史．上海：上海人民出版社．

[48] 李垂军，潘尚琼，2007．汉阴蚕桑史话．北方蚕业，28（4）．

[49] 李昉，北宋．"何明远"条．太平广记（卷二百四十三）．

[50] 李济，2007．西阴村史前的遗存．李济文集（卷二）．上海：上海人民出版社．

[51] 李金梅，2012．丝绸之路魏晋墓葬画考释．高台魏晋墓与河西历史文化研究．兰州：读者出版集团．

[52] 李文瑛，2008．营盘95BYYM15号墓出土织物与服饰．西北风格 汉晋织物．香港：艺纱堂/服饰工作队．

[53] 李延寿，唐．尉古真传．北史（卷二十）．

[54] 林健，赵丰，薛雁，2005．甘肃省博物馆新藏唐代丝绸的鉴定研究．文物（12）．

[55] 令狐德棻，唐．吐谷浑传．周书（卷五十）．

[56] 刘剑，陈克，周旸，赵丰，彭志勤，胡智文，2014．微型光纤光谱技术在植物染料鉴别与光照色牢度评估中的应用．纺织学报，35（6）．

[57] 刘剑，王业宏，郭丹华，2009．传统靛青染料的生产工艺．丝绸（11）．

[58] 鲁金科，1957．论中国与阿尔泰部落的古代关系．考古学报（2）．

[59] 吕大防，北宋．锦官楼记．全蜀艺文志（卷四十三）．

[60] 罗群，2008．古代提花四经绞罗生产工艺探秘．文物保护与考古科学，20（2）．

[61] 罗振玉，王国维，1914．流沙坠简（宸翰楼印本）．

[62] 洛阳博物馆，2007．洛阳北魏杨机墓出土文物．文物（11）．

[63] 孟宪实，1999．唐玄奘与麴文泰．敦煌吐鲁番研究第四卷．北京：北京大学出版社．

[64] 孟宪实，2011．论十六国、北朝时期吐鲁番地方的丝织业及相关问题．敦煌吐鲁番研究（第12卷）．上海：上海古籍出版社．

[65] 穆舜英，2000．吐鲁番阿斯塔那古墓群出土文书登记表．新疆文物（3）（4）．

[66] 内蒙古文物考古研究所，阿拉善盟文物工作站，1987．内蒙古黑城考古发掘纪要．文物（7）．

[67] 裴成国，2007．吐鲁番新出北凉计赀、计口出丝帐研究．中华文史论丛（2007年第4期）．上海：上海古籍出版社．

[68] 彭定球，清．杭州春望．全唐诗（卷四百四十三）．

[69] 齐东方，2004．丝绸之路的象征符号——骆驼．故宫博物院院刊（6）．

[70] 钱小萍，2005．中国传统工艺全集·丝绸染织．郑州：大象出版社．

[71] 荣新江，1998.《且渠安周碑》与高昌大凉政权．燕京学报（新5期）．北京：北京大学出版社．

[72] 荣新江，1999．骆驼的生死驮载——汉唐陶俑的图像和观念及其与丝路贸易的关系．唐研究（第5卷）．北京：北京大学出版社．

[73] 荣新江，李肖，孟宪实，2008．新获吐鲁番出土文献．北京：中华书局．

[74] 荣新江，朱丽双，2012．一组反映10世纪于阗与敦煌关系的藏文文书研究．西域历史语言研究所集刊（第5辑）．北京：科学出版社．

[75] 山东省博物馆，1977．临淄郎家庄一号东周殉人墓．考古学报（1）．

[76] 陕西省考古研究院，等，2008．陕西韩城梁带村遗址M26发掘简报．文物（1）．

[77] 上海市纺织科学研究院，上海市丝绸工业公司，1980．长沙马王堆一号汉墓出土纺织品的研究．北京：文物出版社．

[78] 少山，1990．中国解读佉卢文的第一人．瞭望周刊（32）．

[79] 沈从文，2011．沈从文的文物世界．北京：北京出版社．

[80] 石荣传，2003．两汉诸侯王墓出土葬玉及葬玉制度初探．中原文物（5）．

[81] 石荣传，2005．三代至两汉玉器分期及用玉制度研究．济南：山东大学．

[82] 石荣传，陈杰，2011．两周葬玉及葬玉制度之考古学研究．中原文物（5）．

[83] 石文嘉，2013．汉代玉璧的随葬制度．中原文物（3）．

[84] 孙机，2001．进贤冠与武弁大冠．中国古舆服论丛（增订本）．北京：文物出版社．

[85] 唐长孺，1981．吐鲁番出土文书（第二册）．北京：文物出版社．

[86] 唐长孺，1985．吐鲁番文书中所见丝织手工业技术在西域各地的传播．出土文献研究．北京：文物出版社．

[87] 唐长孺，1992．吐鲁番出土文书（壹）．北京：文物出版社．

[88] 陶红，蔡璐，向仲怀，2011．蚕为龙精——蕴含中华农耕社会"集体意识"的阐释．蚕业科学（1）．

[89] 童丕，2003．敦煌的借贷：中国中古时代的物质生活与社会．余欣，陈建伟，译．北京：中华书局．

[90] 汪济英，牟永抗，1980．关于吴兴钱山漾遗址的发掘．考古（4）．

[91] 王炳华，2010．吐鲁番出土唐代庸调布研究．丝绸之路考古研究．乌鲁木齐：新疆人民出版社，2010．

[92] 王重民，王庆菽，向达，等，1957．敦煌变文集（卷五）．北京：人民文学出版社．

[93] 王进玉，2011．敦煌学和科技史．兰州：甘肃教育出版社．

[94] 王庆卫，2011．新见初唐著名画家窦师纶墓志及其相关问题．出土文献研究（第十辑）．北京：中华书局．

[95] 王士伦，2006．浙江出土铜镜．王牧，修订．北京：文物出版社．

[96] 王素，1998．高昌史稿·统治编．北京：文物出版社．

[97] 王矛，2014．染缬集．王丹，整理．北京：北京燕山出版社．

[98] 王亚蓉，1994．西周出土纺织品文物介绍．第13届国际服饰会议．

[99] 王自力，孙福喜，2002．唐金乡县主墓．北京：文物出版社．

[100] 吴礽骧，1991．敦煌汉简释文．兰州：甘肃人民出版社．

[101] 吴山，2011．中国历代服装、染织、刺绣辞典．南京：江苏美术出版社．

[102] 吴震，2000．吐鲁番出土文书中的丝织品考辨．吐鲁番地域与出土绢织物．奈良：奈良丝绸之路学研究中心．

[103] 武敏，1984．吐鲁番出土蜀锦的研究．文物（6）．

[104] 武敏，1987．从出土文书看古代高昌地区的蚕丝与纺织．新疆社会科学（5）．

[105] 武敏，1992．染织．台北：台湾幼狮文化，1992．

[106] 武贞，2013．大气·精致·灵动——两汉中山王墓出土的丧葬与礼仪用玉．收藏界（4）．

[107] 香港文化博物馆，2002．中国历代妇女形象服饰．香港：康乐及文化事务署．

[108] 新疆楼兰考古队，1998．楼兰城郊古墓群发掘简报．文物（3）．

[109] 新疆社会科学院考古研究所，1983．新疆考古三十年．乌鲁木齐：新疆人民出版社．

[110] 新疆维吾尔自治区博物馆，1960．新疆民丰县北大沙漠中古遗址墓葬区东汉合葬墓清理简报．文物（6）．

[111] 新疆维吾尔自治区博物馆，1972．丝绸之路——汉唐织物．北京：文物出版社．

[112] 新疆维吾尔自治区博物馆，1973．吐鲁番县阿斯塔那—哈拉和卓古墓群发掘简报（1963—1965）．文物（10）．

[113] 新疆维吾尔自治区博物馆，1975．1973年吐鲁番阿斯塔那古墓群发掘简报．文物（7）．

[114] 新疆维吾尔自治区博物馆，新疆文物考古研究所，2001．中国新疆山普拉．乌鲁木齐：新疆人民出版社．

[115] 新疆维吾尔自治区文物局，上海博物馆，1998．新疆维吾尔自治区丝路考古珍品．上海：上海译文出版社．

[116] 新疆文物考古研究所，1999．新疆尉犁县营盘墓地 15 号墓发掘简报．文物（1）.

[117] 新疆文物考古研究所，2000．吐鲁番阿斯塔那第十次发掘简报（1972—1973）．新疆文物（3，4）.

[118] 徐辉，区秋明，李茂松，张怀珠，1981．对钱山漾出土丝织品的验证．丝绸（2）.

[119] 许海星，2005．从虢国墓地出土玉器谈西周葬玉的使用特征．中原文物（3）.

[120] 许新国，1996．都兰吐蕃墓出土含绶鸟织锦研究．中国藏学（1）.

[121] 玄奘，辩机，1985．大唐西域记校注．季羡林，等校注．北京：中华书局．

[122] 杨汝林，2014．北朝锦彩百衲的修复与研究．千缕百衲——敦煌莫高窟出土纺织品的保护与研究．香港：艺纱堂 / 服饰出版．

[123] 于志勇，2003．楼兰 - 尼雅地区出土汉晋文字织锦初探．中国历史文物（6）.

[124] 于志勇，覃大海，2006．营盘墓地 M15 的性质及罗布泊地区彩棺墓葬初探．吐鲁番学研究（1）.

[125] 张宝玺，2001．嘉峪关酒泉魏晋十六国墓壁画．兰州：甘肃人民美术出版社．

[126] 张广达，荣新江，2008．于阗史丛考（增订本）．北京：中国人民大学出版社．

[127] 张松林，高汉玉，1999．荥阳青台遗址出土丝麻织品观察与研究．中原文物（3）.

[128] 赵丰，1990．中国古代的手编织物．丝绸（8）.

[129] 赵丰，1992a．良渚织机的复原．东南文化（2）.

[130] 赵丰，1992b．唐代丝绸与丝绸之路．西安：三秦出版社．

[131] 赵丰，1993．桑林与扶桑．浙江丝绸工学院学报（3）.

[132] 赵丰，1996．丝绸起源的文化契机．东南文化（1）.

[133] 赵丰，1999．织绣珍品：图说中国丝绸艺术史．香港：艺纱堂 / 服饰工作队．

[134] 赵丰，2002．纺织品考古新发现．香港：艺纱堂 / 服饰工作队．

[135] 赵丰，2005a．新疆地产绵线织锦研究．西域研究（1）.

[136] 赵丰，2005b．中国丝绸通史．苏州：苏州大学出版社．

[137] 赵丰，2005c．中国丝绸艺术史．北京：文物出版社．

[138] 赵丰，2007．敦煌丝绸艺术全集 · 英藏卷．上海：东华大学出版社．

[139] 赵丰，2008a．尼雅出土蜡染棉布研究．华学（第九、十辑）．上海：上海古籍出版社．

[140] 赵丰，2008b．汉晋新疆织绣与中原影响．西北风格 汉晋织物．香港：艺纱堂 / 服饰工作队．

[141] 赵丰，2010a．唐系翼马纬锦与何稠仿制波斯锦．文物（3）.

[142] 赵丰，2010b．敦煌丝绸艺术全集 · 法藏卷．上海：东华大学出版社．

[143] 赵丰，樊昌生，钱小萍，吴顺清，2012．成是贝锦——东周纺织织造技术研究．上海：上海古籍出版社．

[144] 赵丰，齐东方，2011．锦上胡风——丝绸之路纺织品上的西方影响（4—8 世纪）．上海：上海古籍出版社．

[145] 赵丰，万芳，王乐，王博，2010．TAM170 出土丝织品的分析与研究．吐鲁番学研究——第三届吐鲁番学暨欧亚游牧民族的起源与迁徙国际学术研讨会论文集．上海：上海古籍出版社．

[146] 赵丰，王辉，万芳，2008．甘肃花海毕家滩 26 号墓出土的丝绸服饰．西北风格　汉晋织物．香港：艺纱堂 / 服饰工作队．

[147] 赵丰，王乐，2009．敦煌的胡锦与番锦．敦煌研究（4）．

[148] 赵丰，于志勇，2000．沙漠王子遗宝：丝绸之路尼雅遗址出土文物．香港：艺纱堂 / 服饰工作队．

[149] 赵翰生，2013．《大元毡罽工物记》所载毛纺织史料述．自然科学史研究，32（2）．

[150] 赵振华，朱亮，1982．洛阳龙门唐安菩夫妇墓．中原文物（3）．

[151] 浙江省博物馆，定州市博物馆，2014．心放俗外：定州静志、净众佛塔地宫文物．北京：中国书店．

[152] 浙江省文物管理委员会，1960．吴兴钱山漾遗址第一、二次发掘报告．考古学报（2）．

[153] 浙江省文物考古研究所反山考古队，1988．浙江余杭反山良渚墓地发掘简报．文物（1）．

[154] 浙江省文物考古研究所，湖州市博物馆，2010．浙江湖州钱山漾遗址第三次发掘简报．文物（7）．

[155] 郑巨欣，2005．敦煌服饰中的小白花树花纹考．敦煌研究（8）．

[156] 郑立超，2012．三门峡虢国墓地出土的腕饰．文物鉴定与鉴赏（9）．

[157] 郑州市文物工作队，1987．青台仰韶文化遗址 1981 年上半年发掘简报．中原文物（1）．

[158] 郑州市文物考古研究所，1999．荥阳青台遗址出土纺织物的报告．中原文物（3）．

[159] 中国科学院考古研究所，1963．西安半坡．北京：文物出版社．

[160] 中国科学院考古研究所山西队，1973．山西芮城东庄村和西王村遗址的发掘．考古学报（1）．

[161] 中国丝绸博物馆，2007．丝国之路——5000 年中国丝绸精品展．圣彼得堡：斯拉维亚出版社．

[162] 中国新疆维吾尔自治区博物馆，日本奈良丝绸之路学研究中心，2000．吐鲁番地域与出土绢织物．奈良：奈良丝绸之路学研究中心．

[163] 中日共同尼雅遗迹学术考察队，1996．中日共同尼雅遗迹学术调查报告书（第一卷）．京都：法藏馆．

[164] 周匡明，1980．钱山漾残绢片出土的启示．文物（1）．

[165] 庄绰，北宋．鸡肋编．

外文

[1] 池田温，1979．中国古代籍帐研究：概観·録文．東京：東京大学東洋文化研究所．

[2] E. I. Lubo-Lesnitchenko，坂本和子，1987．双龍連珠円文綾について．古代オリエント博物館紀要（9）．

[3] 加藤九祚，Sh. Pidaev，2002． ウズベキスタン考古学新発見．大阪：東方出版．

[4] 松本包夫，1984． 正倉院裂と飛鳥天平の染織．京都：紫红社．

[5] A. Spanien et Y. Imaeda, 1979． *Choix de documents tibétaines conservés à la Bibliothèque nationale, complété par quelques manuscrits de l'India office et du British Museum, II*. Paris: Bibliothèque Nationale.

[6] Al-Narshakhi, 2007． *The History of Bukhara*. Richard N. Frye (trans. and ed.). Princeton: Markus Wiener Publisher.

[7] Andreas Schmidt-Colinet, Annemarie Stauffer, et al., 2000． *Die Textilien aus Palmyra*. Mainz am Rhein: Verlag Philipp von Zabern.

[8] Ann C. Gunter and Paul Jett, 1992． *Ancient Iranian Metalwork in the Arthur M. Sackler Gallery and Freer Gallery of Art*. Washington DC: Arthur M. Sackler Gallery and Freer Gallery of Art.

[9] Annemarie Stauffer, 1996． *Textiles of Late Antiquity*. Washington DC: The Metropolitan Museum of Art, 1996.

[10] Aurel Stein, 1928． *Innermost Asia: Detailed Report of Explorations in Central Asia, Afghanistan, Iran and China*. Oxford: Clarendon Press.

[11] Carol Bier, 2014． Inscribed Cotton Ikat from Yemen in the Tenth Century CE. Hangzhou: 9th International Shibori Symposium Resist Dye on the Silk Road: Shibori, Clamp Resist and Ikat.

[12] Cecile Michel and Klaas R. Veenhof, 2010． The Textiles Traded by the Assyrians in Anatolia (19th–18th Centuries BC). *Textile Terminologies*. Barnsley: Oxbow Books.

[13] Domenica Digilie, 2010． L'Arte della Seta a Lucca, Sulla via del Catai: Rivista semestrale sulle relazioni culturali tra Europa e Cina. *Centro Studi Martino Martini*, Luglio.

[14] E. I. Lubo-Lesnitchenko, 1961． *Ancient Chinese Silk Textiles and Embroideries, 5th Century BC to 3rd Century AD in the State Hermitage Museum (in Russia)*. Leningrad: State Hermitage.

[15] Eric Trombert et É. de la Vaissière, 2007． Le prix des denrées sur le marché de Turfan en 743. *Études de Dunhuang et Turfan*. Jean-Pierre Drège (éd.). Genève: Droz.

[16] Ferdinand Freiherr von Richthofen, 1877． *China: Ergebnisse eigener Reisen und darauf gegründeter Studien*, Vol. I. Berlin: D. Reimer.

[17] G. B. Castellani, 1860． *Dell'allevamento dei bachi da seta in China fatto ed osservato sui luoghi* (*On the Raising of Silkworms Performed and Controlled in China*). Firenze: Barbera.

[18] G. Uray, 1985． New Contributions to Tibetan Documents from the Post-Tibetan Tun-huang. *Tibetan Studies. Proceedings of the 4th Seminar of the International Association for Tibetan Studies Schlosse Hohenkammar-Munich 1985*. H. Uebach & J. L. Panglung (eds.). München: Kommission für Zentralasiatische Studien, Bayerische Akademie der Wissenschaften.

[19] H. W. Bailey, 1967． Altun Khan. *Bulletin of the School of Oriental and African Studies*, XXX.1.

[20] H. W. Bailey, 1979． *Dictionary of Khotan Saka*. Cambridge: Cambridge University Press.

[21] Irene Good, 1995． On the Question of Silk in Pre-Han Eurasia. *Antiquity* (69).

[22] Israel Exploration Society, 1989． *Masada: The Yigael Yadin Excavations 1963–1965, Final*

Reports. Jerusalem: Hebrew University of Jerusalem.

[23] K. Riboud, E. Loubo-Lesnitchenko, 1973．Nouvelles découvertes soviétiques a Oglakty et leur analogie avec les soies façonnées polychromes de Lou-Lan–dynastie Han. *Arts Asiatiques*, XXVIII.

[24] Karel Otavsky, 1998．Stoff von der Seidenstrasse: Eine neue Sammlungsgruppe in der Abegg-Stiftung. *Entlang der Seidenstrasse, 6 Riggisberger Berichte*. Riggisberg: Abegg-Stiftung.

[25] Kax Wilson, 1979．*A History of Textiles*. Colorado: Westview Press.

[26] Lisa Brody and Gail Hoffman, 2011．*Dura-Europos: Crossroads of Antiquity*. Boson: McMullen Museum of Art.

[27] Liu Jian, et al., 2013．Characterization of Dyes in Ancient Textiles from Yingpan, Xinjiang. *Journal of Archaeological Science*, 40.

[28] Liu Jian and Zhao Feng, 2015．Dye Analysis of Two Polychrome Woven Textiles from the Han and Tang Dynasties. *Color in Ancient and Medieval East Asia*. Mary M. Dusenbury (ed.). Lawrence, KS: The Spenser Museum of Art, the University of Kansas.

[29] N. V. Polosmak, L. L. Barkova, 2005．Barkova. *Kostjum I tekstil pazyrykcev Altaja (IV-III vv. do n.e.)*. Novosibirsk: Inforio.

[30] P. J. Gibbs, et al., 1997．Analysis of Ancient Dyed Chinese Papers by High-performance Liquid Chromatography. *Analytical Chemistry*, 69.

[31] R. Comba, 1984．Produzioni tessili nel Piemonte tardo-medievale (Textile Production in Late-Medieval Piedmont). *Bollettino Storico-Bibliografico Subalpino*, 72．

[32] Richard Laursen, 2015．Yellow and Red Dyes in Ancient Asian Textiles. *Color in Ancient and Medieval East Asia*. Mary M. Dusenbury (ed.). Lawrence, KS: The Spenser Museum of Art, the University of Kansas.

[33] S. I. Rudenko, 1951．*Der Zweite Kurgan von Pasyryk*. Berlin: Verlag Kultur und Fortschritt.

[34] Xia Qingyou, Guo Yiran, Zhang Ze, et al., 2009．Complete Resequencing of 40 Genomes Reveals Domestication Events and Genes in Silkworm (*Bombyx*). *Science*, 326(5951).

[35] Zhao Feng, 2004．Jin, Taquete and Samite Silks: The Evolution of Textiles Along the Silk Road. *China: Dawn of a Golden Age (200–750 AD)*. New York and New Haven: The Metropolitan Museum of Art and Yale University Press.

[36] Zhao Feng, 2006．Weaving Methods for Western-style Samit from the Silk Road in Northwestern China. *Central Asian Textiles and Their Contexts in the Early Middle Ages*. Riggisberg: Abegg-Stiftung.

[37] Zhao Feng and Wang Le, 2013．Reconciling Excavated Textiles with Contemporary Documentary Evidence: A Closer Look at the Finds from a Sixth-Century Tomb at Astana. *Journal of the Royal Asiatic Society*, 23(2).

索 引

图书在版编目（CIP）数据

丝路之绸：起源、传播与交流 / 赵丰主编. — 杭州：浙江大学出版社，2017.11
ISBN 978-7-308-17331-5

Ⅰ. ①丝… Ⅱ. ①赵… Ⅲ. ①丝绸—文化研究—中国 Ⅳ. ①TS146-092

中国版本图书馆CIP数据核字(2017)第210325号

丝路之绸：起源、传播与交流
赵 丰 主 编

策　　划 张 琛 包灵灵
责任编辑 董 唯 张 琛
责任校对 包灵灵
封面设计 赵 帆 林智广告
出版发行 浙江大学出版社
（杭州市天目山路148号 邮政编码 310007）
（网址：http://www.zjupress.com）
排　　版 杭州林智广告有限公司
印　　刷 浙江印刷集团有限公司
开　　本 889mm×1194mm 1/16
印　　张 14.25
字　　数 354千
版 印 次 2017年11月第1版 2017年11月第1次印刷
书　　号 ISBN 978-7-308-17331-5
定　　价 360.00元

浙江大学出版社发行中心联系方式：0571-88925591；http://zjdxcbs.tmall.com

韓休墓壁画（陝西省考古研究院提供）